MODELOS MATEMÁTICOS NAS CIÊNCIAS NÃO EXATAS

VOLUME 2

UNICAMP

Blucher

RENÉ BRENZIKOFER
EDUARDO ARANTES NOGUEIRA
LUIZ EDUARDO BARRETO MARTINS
Organizadores

MODELOS MATEMÁTICOS NAS CIÊNCIAS NÃO EXATAS

VOLUME 2

Homenagem ao

Professor Euclydes Custódio de Lima Filho

Blucher

Rua Pedroso Alvarenga, 1.245, 4º andar
04531-012 – São Paulo – SP – Brasil
Tel.: 55 (11) 3078-5366
contato@blucher.com.br
www.blucher.com.br

Segundo Novo Acordo Ortográfico, conforme 5. ed. do *Vocabulário Ortográfico da Língua Portuguesa*, Academia Brasileira de Letras, março de 2009.

Ficha catalográfica

Modelos matemáticos nas ciências não exatas: volume 2 / René Brenzikofer, Luiz Eduardo Barreto Martins, Eduardo Arantes Nogueira, organizadores. – São Paulo: Blucher, 2012.

Vários autores.
Bibliografia
ISBN 978-85-212-0650-7

1. Lima Filho, Euclydes Custódio de 2. Modelos matemáticos I. Brenzikofer, René. II. Martins, Luiz Eduardo Barreto. III. Nogueira, Eduardo Arantes.

12.06053 CDD-511.8

Índices para catálogo sistemático:
1. Modelos matemáticos: Ciências não exatas 511.8

Impressão e acabamento: Yangraf Gráfica e Editora

AGRADECIMENTOS

Este livro não se realizaria sem o apoio do Magnífico Reitor da Universidade Estadual de Campinas UNICAMP, Prof. Dr. Fernando Ferreira da Costa.

Obtivemos apoio dos Prof. Dr. Paulo Ferreira de Araujo, Diretor da Faculdade de Educação Física e do Prof. Dr. Mario Saad, Diretor da Faculdade de Ciências Médicas, ambas da Universidade Estadual de Campinas.

PREFÁCIO

Este segundo volume de modelos matemáticos aplicados às ciências não exatas representa a forma de darmos continuidade às homenagens ao Professor Euclydes Custódio de Lima Filho, que se iniciaram com a denominação do prédio de Laboratórios da Faculdade de Educação Física da Unicamp e a organização do primeiro volume desta coleção.

O Professor Euclydes nasceu em Araraquara no dia 22 de agosto de 1937 onde realizou seus estudos fundamentais. Após a conclusão do curso colegial ingressou na Faculdade de Medicina de Ribeirão Preto da Universidade de São Paulo em 1956. Durante o curso de Medicina foi diretor cientifico do Centro Acadêmico Rocha Lima por dois anos e conferencista da Liga Brasileira de Combate a Moléstia de Chagas.

Após a conclusão do curso de Medicina em 1961, iniciou seus estudos nas áreas de Estatística Aplicada às Ciências Médicas, frequentando cursos da Organização Pan-Americana de Saúde e da Organização Mundial de Saúde oferecidos pelo Departamento de Bioestatística da Faculdade de Higiene e Saúde Publica da Universidade de São Paulo, e na área de Matemática freqüentando os cursos oferecidos pelo Departamento de Matemática da Faculdade de Ciências e Letras de São Paulo – Universidade de São Paulo.

Nos anos de 1965 e 1967 se especializou em sub-áreas da estatística, frequentando cursos no recém-criado Departamento de Matemática Aplicada à Biologia, da Faculdade de Medicina de Ribeirão Preto – USP, a saber: Aplicação de Métodos não Paramétricos em Biologia e Ensaios Biológicos, cursos estes ministrados pelo professor doutor John Fertig, da Universidade de Columbia, Nova York – EUA.

Na pós-graduação, realizada no Departamento de Matemática Aplicada à Biologia da FMRP-USP, sob orientação do professor doutor Geraldo Garcia Duarte, defendeu a Tese intitulada ‘Limites de Tolerância. Aplicações em Biologia’, cuja capa reproduzimos na figura 1. A primeira pagina do capitulo introdutório da referida Tese está reproduzida na figura 2. Nesta, se percebe a preocupação do Professor em caracterizar a dicotomia “normal” e “não normal” em estados patológicos, paradigmas a partir dos quais a Tese é desenvolvida. Seguramente - um documento a ser lido na integra.

Como instrutor do Departamento de Higiene e Medicina Preventiva da FMRP-USP (de 1962 a 1965) e a seguir (1965-1984) como professor doutor, junto ao Departamento de Matemática Aplicada à Biologia da mesma Faculdade, o professor Euclydes desenvolveu profícua atividade acadêmica relacionada ao ensino de graduação e pós-graduação, à pesquisa e à prestação de serviços (Assessoria Estatística aos Pós-Graduandos e Docentes da FMRP-USP). O professor Euclydes foi um atrator de docentes que, se empolgaram com as aplicações da Matemática e Estatística nas áreas de Biologia e Medicina, principalmente acerca do controle de qualidade a ser obedecido na experimentação animal e humana, afim de que o método quantitativo pudesse expressar a plenitude de seu potencial, permitiu que várias linhas de pesquisa pudessem ser consolidadas em diferentes grupos de pesquisa da FMRP-USP.

A partir de 1984, o professor Euclydes se transferiu para a UNICAMP. Nesta Instituição, foi docente junto ao Departamento de Estatística do Instituto de Matemática, Estatística e Ciência da Computação (IMECC). Continuando sua trajetória acadêmica foi eleito chefe deste Departamento e a seguir com a titulação de professor adjunto. Paralelamente às atividades no IMECC, o professor Euclydes fomentou, intensamente, projetos de pesquisa multi e interdisciplinares entre aquela instituição e outras da UNICAMP, como a Faculdade de Medicina, o Instituto de Biologia e a Faculdade de Educação Física.

Após a sua aposentadoria em 1995, continuou a exercer atividades acadêmicas no Laboratório de Instrumentação para Biomecânica da Faculdade de Educação Física da UNICAMP. Naquele local, mais uma vez se destacou por desenvolver pesquisa quantitativa de alto nível científico e por se dedicar à formação de recursos humanos no nível de pós-graduação.

No primeiro volume, no artigo que emprestou o título para o nome desta coleção, o Professor Euclydes escreveu que *um modelo matemático é o resultado de tentativas no sentido de "matematizar" uma situação dada.* Nesse sentido, recolhemos o material que o Professor escreveu em conjunto com o Professor Antonio Acra Freiria, quando eram colegas na Faculdade de Filosofia Ciências e Letras da USP – Ribeirão Preto, sobre um possível modelo matemático para análise da doença de Chagas, em que a investigação sobre o modelo em questão se fundamenta nas equações de Volterra. Não tivemos a oportunidade de conhecer o trabalho concluído, mas o esboço em questão mostra os primeiros passos de uma investigação sobre as muitas tentativas que se pode realizar para alcançar um modelo matemático aplicável, que apresentamos como o primeiro capitulo deste volume.

Este volume é composto por artigos nas Áreas de Epidemiologia, Fisiologia do Exercício, Esportes, Anatomia, Patologia, Cardiologia Intervencionista e Fisiologia Cardiovascular sempre na visão multidisciplinar, quando essas áreas do conhecimento aplicam modelos matemáticos para gerar novos conhecimentos, idéia que nos foi incutida pelo Professor Euclydes.

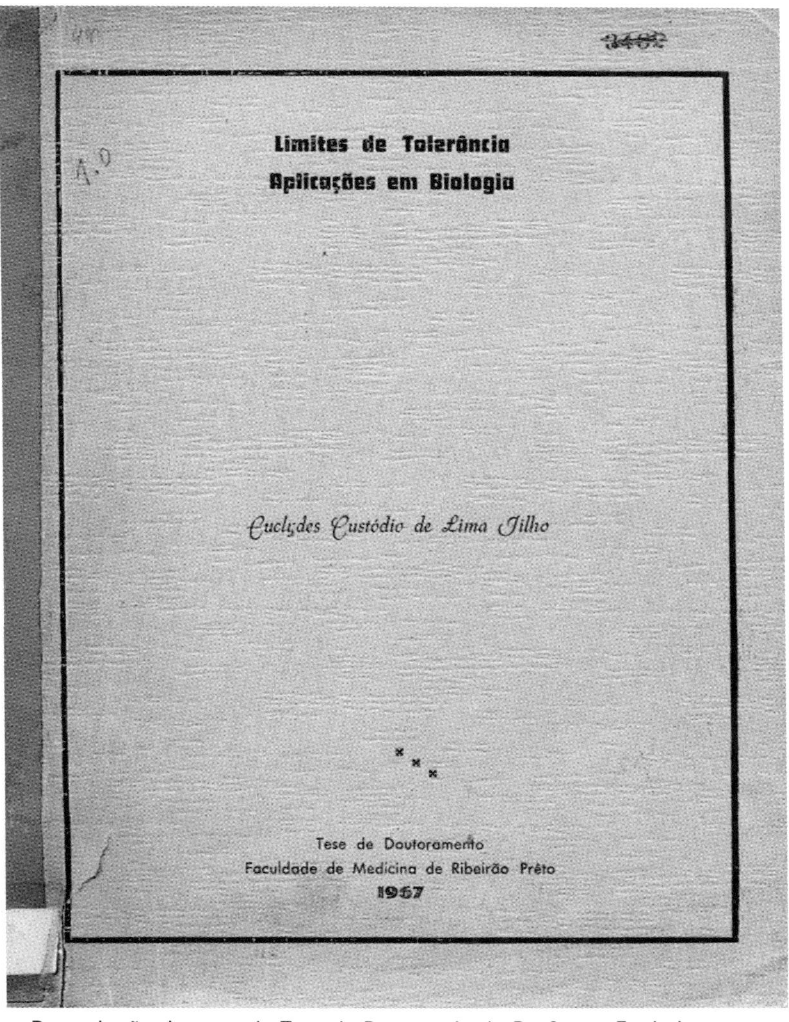
Limites de Tolerância
Aplicações em Biologia

Euclydes Custódio de Lima Filho

Tese de Doutoramento
Faculdade de Medicina de Ribeirão Prêto
1967

Figura 1. Reprodução da capa da Tese de Doutorado do Professor Euclydes apresentada na Faculdade de Medicina de Ribeirão Preto.

1. INTRODUÇÃO

Na caracterização de moléstias, seria conveniente que as observações dos pacientes fôssem atributos que pertencessem a categorias mùtuamente exclusivas, permitindo, portanto, a classificação precisa do "normal" e "não normal". Entretanto, isso é raramente obtido, porque a grande maioria das variáveis classificadoras utilizadas não são atributos, mas sim grandezas mensuráveis. Ocorre mesmo que algumas variáveis, tomadas inicialmente como atributos para classificação individual, mostram, após melhores estudos, ser em realidade caracteres quantitativos. Como exemplo, os grupos sanguíneos (10).

A classificação do "normal", que do ponto de vista lógico deveria ser fundamental, parece não ter sido a preferida, pois encontramos em Biologia uma grande concentração de trabalhos que classificam os patológicos dentro de sua extensa variedade, e raríssimos que estudam o "normal".

É claro que o estudo sistemático dos casos patológicos permitiu que se obtivessem alguns conhecimentos a respeito do "normal", como é o caso, por exemplo, das moléstias infecciosas; mas, por outro lado, diferentes patologias só poderão ser completamente compreendidas com o estudo sistemático do "normal". Em abono dessa afirmativa, podemos citar a patologia da pressão arterial.

Entendemos que o "normal" não pode ser caracterizado por meio de uma única variável, assim como as próprias variáveis não podem assentar-se sôbre um padrão único. Assim, o "normal" para a taxa de fósforo sanguíneo não pode ser representado pelo seu valor médio ou pelo media-

Figura 2. Reprodução da pagina inicial do capitulo introdutório da Tese de Doutorado do Professor Euclydes Custódio de Lima Filho apresentada em 1967 na Faculdade de Medicina de Ribeirão Preto.

AUTORES

Antônio Acra Freiria – Professor Colaborador da Universidade de Franca e Professor Titular do Centro Universitário de Franca, SP.

- Um possível modelo epidemiológico na enfermidade de Chagas.

Antônio Carlos da Silva Filho – Professor Titular do Centro Universitário de Franca, Uni-Facef.

- Geometria fractal nas ciências não exatas: estimação do limiar de anaerobiose durante exercício físico dinâmico a partir da análise matemática de séries RR do eletrocardiograma.

Antonio Ruffino-Netto – Professor Titular do Departamento de Medicina Social da Faculdade de Medicina de Ribeirão Preto, área de Epidemiologia, Universidade de São Paulo.

- Uma perspectiva bayesiana para a estimação de probabilidades de transição de "estados" em doenças infecciosas, considerando perdas de seguimento.

Benedito Carlos Maciel – Professor Titular, Divisão de Cardiologia, Departamento de Clínica Médica, Faculdade de Medicina de Ribeirão Preto – Universidade de São Paulo.

- O uso de modelos matemáticos bissegmentados na determinação do limiar de anaerobiose ventilatório em indivíduos saudáveis.

Carlos Lenz Cesar – Instituto de Física, Instituto Nacional de Biofotônica aplicada a Biologia Celular – INFABIC, Universidade Estadual de Campinas.

- Análise computacional de fibras elásticas em aortas humanas.

Daniela Peixoto Ferro – Curso de Pós-Graduação em Fisiopatologia Médica. Instituto Nacional de Biofotônica aplicada a Biologia Celular – INFABIC, Universidade Estadual de Campinas.

- Análise computacional de fibras elásticas em aortas humanas.

Davi Casale Aragon – Mestre em Saúde na Comunidade, Estatístico do Departamento de Puericultura e Pediatria da Faculdade de Medicina de Ribeirão Preto, Universidade de São Paulo.

- Uma perspectiva bayesiana para a estimação de probabilidades de transição de "estados" em doenças infecciosas, considerando perdas de seguimento.

Edson Zangiacomi Martinez – Professor Associado do Departamento de Medicina Social da Faculdade de Medicina de Ribeirão Preto, área de Bioestatística, Universidade de São Paulo.

- Uma perspectiva bayesiana para a estimação de probabilidades de transição de "estados" em doenças infecciosas, considerando perdas de seguimento.

Eduardo Arantes Nogueira – Professor Associado, Diretor do Laboratório de Cateterismo Cardíaco e Cardiologia Intervencionista, Disciplina de Cardiologia, Departamento de Clínica Médica, Faculdade de Ciências Médicas, Universidade Estadual de Campinas.

- Análise coronária quantitativa – desenvolvimento de uma ferramenta computacional.

Euclydes Custódio da Lima Filho (*In Memorian*)

- Um possível modelo epidemiológico na enfermidade de Chagas.
- Método para discriminar e quantificar a curva neutra da coluna vertebral e seu movimento oscilatório durante a marcha e a corrida.

Fátima Maria Helena Simões Pereira da Silva – Professora Doutora do Departamento de Física e Química, Faculdade de Ciências Farmacêuticas de Ribeirão Preto, Universidade de São Paulo.

- Geometria fractal nas ciências não exatas: estimação do limiar de anaerobiose durante exercício físico dinâmico a partir da análise matemática de séries RR do eletrocardiograma.

Felipe Arruda Moura – Professor Doutor do Departamento de Ciências do Esporte – Universidade Estadual de Londrina.

- Aplicação da Análise de Componentes Principais e *Cluster* no esporte.

Gerson Muccillo – Professor Colaborador do Departamento de Clínica Médica, Divisão de Cardiologia, Laboratório de Fisiologia do Exercício, Faculdade de Medicina de Ribeirão Preto – Universidade de São Paulo.

- O uso de modelos matemáticos bissegmentados na determinação do limiar de anaerobiose ventilatório em indivíduos saudáveis.

Gislaine Vieira-Damiani – Curso de Pós-Graduação em Fisiopatologia Médica, Laboratório de Patologia do Núcleo de Medicina Experimental, Instituto Nacional de Biofotônica aplicada a Biologia Celular – INFABIC, Universidade Estadual de Campinas.

- Análise computacional de fibras elásticas em aortas humanas.

Jorge Alberto Achcar – Professor Titular do Departamento de Medicina Social da Faculdade de Medicina de Ribeirão Preto, Área de Bioestatística, Universidade de São Paulo.

- Uma perspectiva bayesiana para a estimação de probabilidades de transição de “estados” em doenças infecciosas, considerando perdas de seguimento.

José Roberto Maiello – Professor Assistente Doutor da Faculdade de Medicina de Sorocaba, Pontifícia Universidade Católica de São Paulo.

- Análise coronária quantitativa – desenvolvimento de uma ferramenta computacional.

Júlio César Crescêncio – Doutor em Medicina, Laboratório de Fisiologia do Exercício, Divisão de Cardiologia, Departamento de Clínica Médica, Faculdade de Medicina de Ribeirão Preto – Universidade de São Paulo.

- O uso de modelos matemáticos bissegmentados na determinação do limiar de anaerobiose ventilatório em indivíduos saudáveis.

- Geometria fractal nas ciências não exatas: estimação do limiar de anaerobiose durante exercício físico dinâmico a partir da análise matemática de séries RR do eletrocardiograma.
- Análise de complexidade no estudo da variabilidade da frequência cardíaca por meio da entropia aproximada

Kátia Cristiane Nakazato – Mestra em Medicina, Divisão de Cardiologia, Departamento de Clínica Médica, Faculdade de Medicina de Ribeirão Preto, Universidade de São Paulo.

- Análise de complexidade no estudo da variabilidade da frequência cardíaca por meio da entropia aproximada.

Konradin Metze – Curso de Fisiopatologia Médica. Grupo Interdisciplinar de Patologia Analítica Celular, Instituto Nacional de Biofotônica aplicada a Biologia Celular – INFABIC, Universidade Estadual de Campinas.

- Análise computacional de fibras elásticas em aortas humanas.

Lourenço Gallo Júnior – Professor Titular, Laboratório de Fisiologia do Exercício, Divisão de Cardiologia, Departamento de Clínica Médica, Faculdade de Medicina de Ribeirão Preto, Universidade de São Paulo.

- O uso de modelos matemáticos bissegmentados na determinação do limiar de anaerobiose ventilatório em indivíduos saudáveis.
- Geometria fractal nas ciências não exatas: estimação do limiar de anaerobiose durante exercício físico dinâmico a partir da análise matemática de séries RR do eletrocardiograma.
- Análise de complexidade no estudo da variabilidade da frequência cardíaca por meio da entropia aproximada.

Luiz Eduardo Barreto Martins – Professor Doutor, Laboratório de Instrumentação em Fisiologia, Departamento de Ciências do Esporte, Faculdade de Educação Física, Universidade Estadual de Campinas.

- O uso de modelos matemáticos bissegmentados na determinação do limiar de anaerobiose ventilatório em indivíduos saudáveis.
- Aplicação da Análise de Componentes Principais e *Cluster* no esporte.

Luiz Eduardo Virgilio da Silva – Doutorando do Curso de Pós-Graduação em Física Aplicada à Medicina e Biologia, Departamento de Física e Matemática, Faculdade de Filosofia Ciências e Letras de Ribeirão Preto, Universidade de São Paulo.

- Análise de complexidade no estudo da variabilidade da frequência cardíaca por meio da entropia aproximada.

Luiz Otavio Murta Junior – Professor Doutor do Departamento de Computação e Matemática da Faculdade de Filosofia, Ciências e Letras de Ribeirão Preto, Universidade de São Paulo.

- Análise de complexidade no estudo da variabilidade da frequência cardíaca por meio da entropia aproximada.

Mário Hebling Campos – Professor Adjunto, Coordenador do Laboratório de Avaliação do Movimento Humano – LAMOVH, Faculdade de Educação Física, Universidade Federal de Goiás.

- Método para discriminar e quantificar a curva neutra da coluna vertebral e seu movimento oscilatório durante a marcha e a corrida.

Pedro Mikahil Neto – Pesquisador Voluntário, Laboratório de Cateterismo Cardíaco e Cardiologia Intervencionista. Universidade Estadual de Campinas.

- Análise coronária quantitativa – desenvolvimento de uma ferramenta computacional.

Pedro Paulo Deprá – Professor Associado, Coordenador do Laboratório de Biomecânica e Comportamento Motor – Labicom, Departamento de Educação Física, Universidade Estadual de Maringá/PR.

- Método para discriminar e quantificar a curva neutra da coluna vertebral e seu movimento oscilatório durante a marcha e a corrida.

Randall Luis Adam – Grupo Interdisciplinar de Patologia Analítica Celular, Instituto de Computação, Universidade Estadual de Campinas.

- Análise computacional de fibras elásticas em aortas humanas.

Renata Torres Kozuki – Divisão de Cardiologia, Departamento de Clínica Médica, Faculdade de Medicina de Ribeirão Preto, Universidade de São Paulo.

- Análise de complexidade no estudo da variabilidade da frequência cardíaca por meio da entropia aproximada.

René Brenzikofer – Professor Colaborador, Laboratório de Instrumentação em Biomecânica, Faculdade de Educação Física, Universidade Estadual de Campinas.

- Método para discriminar e quantificar a curva neutra da coluna vertebral e seu movimento oscilatório durante a marcha e a corrida.

Sergio Augusto Cunha – Professor Livre Docente, Laboratório de Instrumentação em Biomecânica, Departamento de Ciências do Esporte, Faculdade de Educação Física, Universidade Estadual de Campinas.

- Aplicação da Análise de Componentes Principais e *Cluster* no esporte.

CONTEÚDO

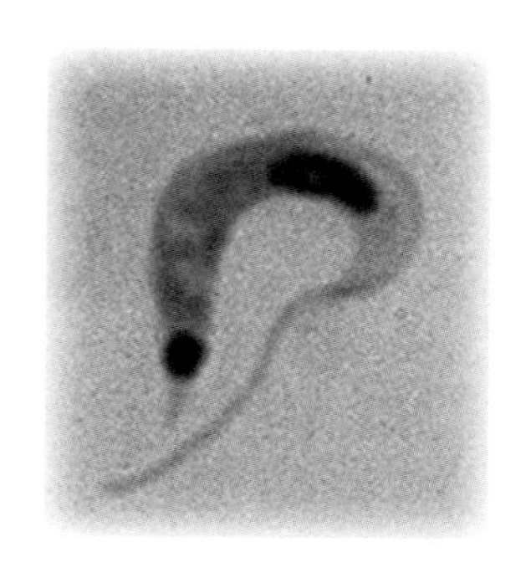

Capítulo 1

UM POSSÍVEL MODELO EPIDEMIOLÓGICO NA ENFERMIDADE DE CHAGAS

ANTÔNIO ACRA FREIRIA
Unifacef - Franca

EUCLYDES CUSTÓDIO DE LIMA FILHO
Imecc - Unicamp - Campinas

"As ações hereditárias são ações atuais devidas às causas existentes no passado". É assim que o matemático italiano Vito Volterra exprime pela primeira vez, de forma simples e explícita, a ideia de sistema hereditário, cuja formulação matemática desenvolveu em diversos trabalhos dedicados ao estudo de múltiplos modelos em biomedicina.

É exatamente com Vito Volterra que o conceito de sistema hereditário toma forma, um pouco em contraposição ao princípio da causalidade a todos os modelos físicos importantes, segundo o qual cada estado do sistema é única e instantaneamente determinado pelo presente. Usufruindo da teoria de equações integro-diferenciais anteriormente desenvolvera, Volterra formulou inúmeras equações diferenciais, de grande genialidade, que descrevem uma realidade física que não depende exclusivamente do presente, mas também de estados passados do sistema.

Se considerarmos que a taxa de variação de indivíduos infectados $I(t)$ expostos a um determinado tipo de enfermidade é influenciada não só pelo número de indivíduos infectados no instante t, mas também pelo número de indivíduos infectados num instante $t - T$, obtemos a equação diferencial com retardamento:

$$I(t) = b\,[1 - I(t)]\, I(t - T) - cI(t),$$

onde T, b e c pretendem significar respectivamente o período de incubação da enfermidade, uma taxa de contato e uma taxa de sobrevida da enfermidade.

A enfermidade de Chagas

A enfermidade está limitada ao hemisfério ocidental, com ampla distribuição geográfica nas zonas rurais do México, América Central e do Sul; em algumas zonas, mesmo no Brasil, apresenta elevada endemicidade.

Todas as idades da população humana são suscetíveis, porém quanto mais jovem for o indivíduo, maior é a gravidade da doença.

Desse modo, uma população encontra-se dividida em indivíduos suscetíveis e infectados designando-se por

$I\ (t)$ = número de indivíduos infectados no instante t

$S\ (t)$ = número de indivíduos suscetíveis no instante t segue-se que:

$$I\ (t) + S\ (t) = 1$$

A transmissão da doença é feita por meio do vetor infectado (o barbeiro), onde se encontra o *tripanozoma cruzi*; o agente infeccioso. Assim sendo, um indivíduo suscetível recebe a infecção do vetor transmissor e este, por sua vez, a recebe da população infectada. Nesse processo existe um tempo fixo T (5 a 14 dias), de incubação, durante o qual o agente infeccioso se desenvolve. Após esse tempo, o vetor transmissor estará infectado.

É natural supor que indivíduos da população e vetores se encontram homogeneamente misturados e que, sendo elevado o número de vetores transmissores, esse número seja proporcional ao de indivíduos da população infectada no instante $t - T$; isto poderia ser representado pelo produto:

$$bI\ (t - T)\ (S\ (t)) = bI\ (t - T)\ [1 - I\ (t)]$$

Desta forma, vemos que a taxa de variação dos indivíduos infectados é dada pela diferença entre o produto do número de indivíduos infectados no instante $t - T$, pelo número de suscetíveis no instante t e o número de indivíduos infectados no instante t.

Então, temos a equação diferencial com retardamento no tempo

$$I\ (t) = bI\ (t - T)\ S\ (t) - cI\ (t)$$

$$I\ (t) = bI\ (t - T)\ [1 - I\ (t)] - cI\ (t),$$

onde $b > 0$ indica uma taxa de contato e $c \geq 0$ indica uma taxa de sobrevida.

Referências bibliográficas

COOKE, Kenneth, L. Stability analysis for vector disease model. Rocky Mountain Journal of Mathematics, v. 9, 31-42 (1979).

COOKE, K. L; BUSENBERG, L. Periodic solutions of periodic non-linear differencial equations – SIAM. Journal of Applied Mathematics, v. 35, n. 4, (1978).

HALE, Jack H. Theory of Functional Differential Equations, Springer – Verlag (1977).

ORGANIZACION PANAMERICANA DE LA SALUD. El Control de Las Enfermedades Transmissibles em El Hombre, 1978.

VOLTERRA, V. Leçons sur la theorie mathematique dela lutte pour la vie. Paris: Gauthier Villars, 1931.

Capítulo 2

O USO DE MODELOS MATEMÁTICOS BISSEGMENTADOS NA DETERMINAÇÃO DO LIMIAR DE ANAEROBIOSE VENTILATÓRIO EM INDIVÍDUOS SAUDÁVEIS

JÚLIO CÉSAR CRESCÊNCIO
LUIZ EDUARDO BARRETO MARTINS
GERSON MUCCILLO
BENEDITO CARLOS MACIEL
LOURENÇO GALLO JÚNIOR

1 Introdução

O exercício físico dinâmico (EFD), também chamado de exercício aeróbico, rítmico ou isotônico, é um tipo de esforço caracterizado por contração e relaxamento dos músculos esqueléticos e movimentação dos membros superiores e/ou inferiores, como: andar, correr, nadar e andar de bicicleta.

O exercício físico dinâmico tem sido alvo de inúmeros estudos no Laboratório de Fisiologia do Exercício da Divisão de Cardiologia, HCFMRP-USP, por ser usado como teste de reserva funcional do sistema cardiorrespiratório, nas áreas médica e paramédica, e, também, se constituir na modalidade de esforço mais utilizada como procedimento profilático e terapêutico em doenças que acometem o referido sistema.

Consideremos um indivíduo saudável sendo submetido a um teste ergoespirométrico máximo, realizando exercício físico dinâmico numa bicicleta ergométrica estacionária, cuja potência aumente progressivamente segundo uma função do tipo rampa. Nesse caso, o consumo de oxigênio

(VO_2) também se eleva de forma aproximadamente linear, até um valor, no qual aumentos adicionais de potências aplicadas não mais modificam o consumo de oxigênio. Nessas circunstâncias, atinge-se uma condição correspondente ao que se chama de consumo de oxigênio máximo (VO_2max), em decorrência da saturação de um ou mais sistemas de transporte de oxigênio, como o coração, os músculos esqueléticos ou os pulmões. O VO_2max caracteriza a potência aeróbica máxima, e é o melhor parâmetro para se medir o transporte de O_2. Porém, dificilmente se obtém a medida do VO_2max em indivíduos sadios, e também em doentes, pois, o esforço é interrompido, por estafa física, em potências inferiores às que corresponderiam ao VO_2max. Entretanto, no mesmo teste ergoespirométrico, também é possível medir-se outro parâmetro de transporte de O_2 em potências submáximas de esforço: o limiar de anaerobiose (LA). Esse parâmetro se caracteriza pela potência ou VO_2 (ao redor de 40-60% do VO_2max) em que começa a ocorrer um aumento progressivo da concentração sanguínea de ácido láctico. Apesar de o LA refletir a tolerância ao esforço no decurso do tempo, e não a potência aeróbica máxima, esse parâmetro geralmente apresenta alta correlação (r = 0,8 – 0,9) com o VO_2max, e pode substituí-lo para avaliação da aptidão cardiorrespiratória e metabólica durante o exercício aeróbico.

No ponto correspondente ao LA, ou próximo dele, ocorrem mudanças nos padrões de resposta das variáveis em diversos sistemas biológicos, a saber: respiratório, cardiovascular, nervoso central e periférico, endócrino e muscular. A ventilação pulmonar (VE) e, principalmente, a produção de CO_2 (VCO_2) são as variáveis mais usadas para sinalizarem o LA; nessas circunstâncias, obtêm-se o chamado limiar de anaerobiose ventilatório (LAV) (WASSERMAN, 2004).

Na área de fisiologia do exercício, os modelos matemáticos têm sido usados no estudo do comportamento dinâmico de vários sistemas, incluindo o cardiorrespiratório, que se interagem de modo abrangente e complexo durante essa condição funcional (WIGERTZ, 1971; APTER, 1974; LINNARSSON, 1974; LAMARRA, 1990).

O Laboratório de Fisiologia do Exercício, da Divisão de Cardiologia, HCFMRP-USP, há muitos anos, vem, dentro de uma perspectiva multi e interdisciplinar, atuando juntamente com pesquisadores de várias áreas de ciências exatas, no sentido de aplicar modelos matemáticos no estudo da resposta de variáveis cardiorrespiratórias.

No que diz respeito ao LAV, o nosso Laboratório já tem utilizado vários modelos matemáticos, com o objetivo de quantificar melhor a sua medida, por meio da implementação de vários algoritmos que possibilitam o uso de critérios mais confiáveis e objetivos, para se quantificar o LAV como parâmetro da capacidade de transporte de O_2 em níveis submáximos do exercício dinâmico. Dentro desse cenário, os modelos bissegmentados têm sido objeto de especial atenção pelos pesquisadores ligados ao nosso Laboratório (SOLER, A e B, 1988; SOLER et al., 1989) e a outros grupos (ORR et al., 1982; GREEN et al., 1983), e se mostraram promissores, no sentido de detectarem mudança de inclinação na curva da ventilação pulmonar na região correspondente ao LAV.

No contexto das considerações de natureza teórica e prática descritas aqui é que se insere o presente estudo. Ele propõe reavaliar as aplicações dos modelos bissegmentados linear-linear e linear-quadrático no estudo da quantificação do LAV, a partir da resposta da VCO_2, por ser esta uma variável que não é influenciada por outros fatores não relacionados ao esforço, como o estresse emocional.

2 Procedimentos experimentais e instrumental utilizado

Foram estudados 27 indivíduos saudáveis, do sexo masculino, com idades entre 21 e 55 anos (média de 33,8 ± 7,86 anos), com hábitos de vida sedentários e ativos, que realizaram de teste de esforço físico dinâmico, utilizando-se protocolo de esforço do tipo rampa (Figura 1).

A rampa de potência aplicada variou de 15 a 35 Watts/min e foi calculada individualmente, baseando-se em dados antropométricos, segundo fórmula recomendada por Wasserman et al. (2004), acrescida de um fator de correção de 5 Watts para mais ou para menos, na dependência dos hábitos de vida (grau de atividade física) de cada indivíduo.

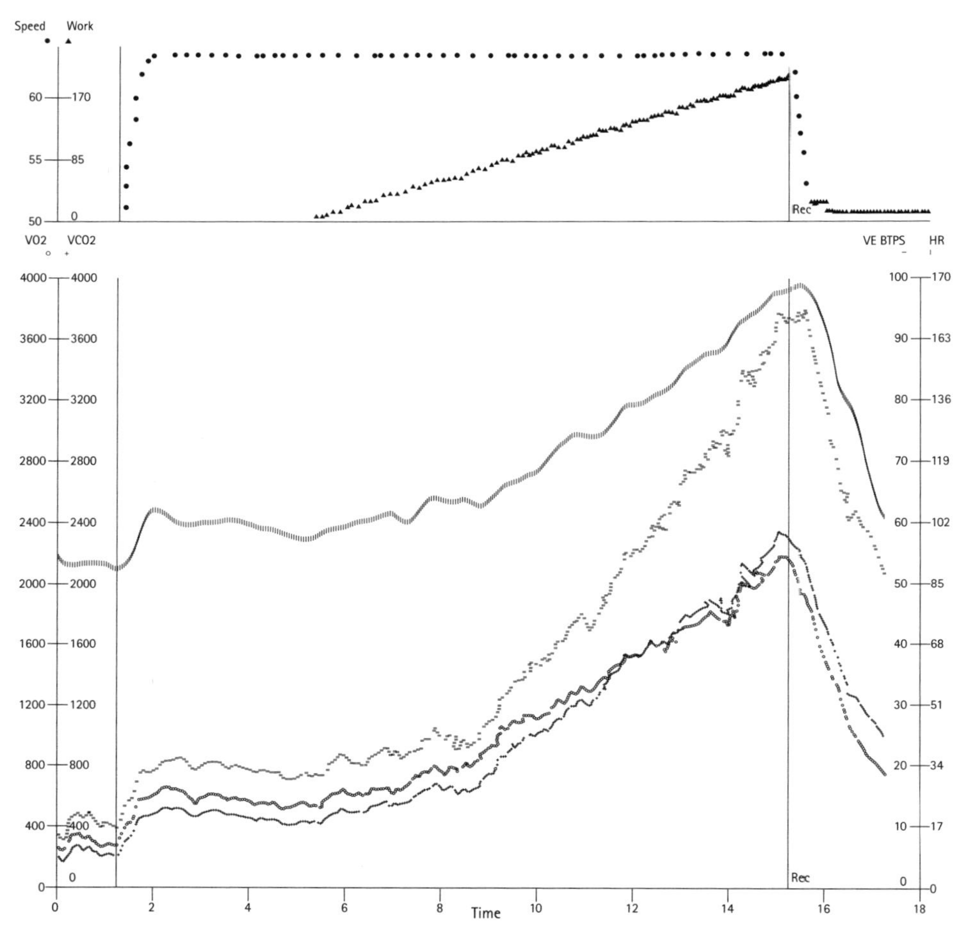

Figura 1. Gráfico do que é apresentado na tela do sistema de análise ergoespirométrica CPX/D® durante a execução de um teste de esforço físico dinâmico. As variáveis apresentadas em relação ao tempo do esforço são: velocidade de pedalagem (Speed); potência aplicada (Work); consumo de O_2 (VO_2); produção de CO_2 (VCO_2); frequência cardíaca (HR) e ventilação pulmonar (VE). As barras verticais marcam o início e fim do esforço respectivamente.

3 Análise dos testes de esforço físico dinâmico

Antes de serem calculados os valores dos LAV, os dados coletados, de respiração a respiração, foram transformados em valores de médias móveis, a cada oito ciclos respiratórios, de modo a reduzir o ruído e permitir uma análise mais fidedigna das variáveis analisadas; no entanto, esse critério não descaracterizou ou alterou o padrão de resposta das variáveis estudadas.

Procedeu-se à comparação da medida do limiar de anaerobiose ventilatório, utilizando-se os seguintes métodos:

Análise pelo método visual

A análise do LAV pelo método visual (MV) foi realizada por três observadores independentes, atuantes no Laboratório de Fisiologia do Exercício, HCFMRP-USP, familiarizados com o uso do sistema ergoespirométrico utilizado no presente estudo.

A análise quantitativa, com base nos critérios descritos por Wasserman et al. (2004), era inicialmente realizada em um gráfico que representava a resposta das variáveis VO_2, VCO_2, VE/VO_2 e PET O_2, em relação ao tempo de duração do esforço (Figura 2). Cabia ao responsável pela análise mover o cursor até o ponto de resposta da VCO_2 onde essa variável se elevasse mais rapidamente do que o aumento do VO_2 (perda de paralelismo entre essas duas variáveis).

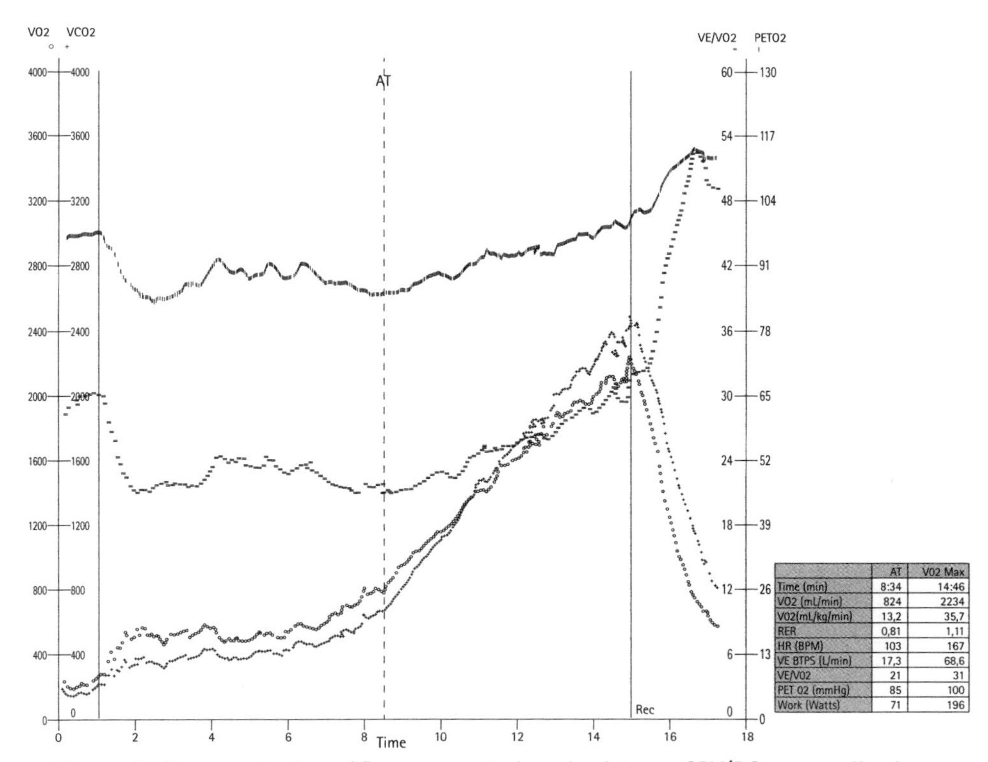

	AT	V02 Max
Time (min)	8:34	14:46
V02 (mL/min)	824	2234
V02(mL/kg/min)	13,2	35,7
RER	0,81	1,11
HR (BPM)	103	167
VE BTPS (L/min)	17,3	68,6
VE/V02	21	31
PET 02 (mmHg)	85	100
Work (Watts)	71	196

Figura 2. Representação gráfica apresentada pelo sistema CPX/D® aos analisadores para a determinação visual do LAV. As barras verticais contínuas marcam o início e fim do esforço respectivamente. A linha vertical traçejada (AT) foi posicionada manualmente no valor correspondente ao LAV.

Análise pelo método automático do sistema CPX/D® MedGraphics

O referido sistema tem incorporado pelo fabricante um algoritmo para determinação automática (MA) do LAV, não detalhado, mas, que divide os valores de VCO_2 durante o esforço, em dois subconjuntos, um acima e outro abaixo de um valor do quociente de trocas respiratórias (RER) próximo a 1,00. O sistema faz um ajuste de duas retas que supostamente devem se cruzar no ponto correspondente ao LAV. Nesse método, o LAV é expresso como valor de VO_2 representado no gráfico (Figura 3). A justificativa para se aplicar esse algoritmo se baseia em estudo de BEAVER et al. (1986) que concluiu que o cruzamento das retas ajustadas aos valores de VCO_2 em função do VO_2, abaixo e acima de um valor de RER de 1,00, corresponde ao LAV.

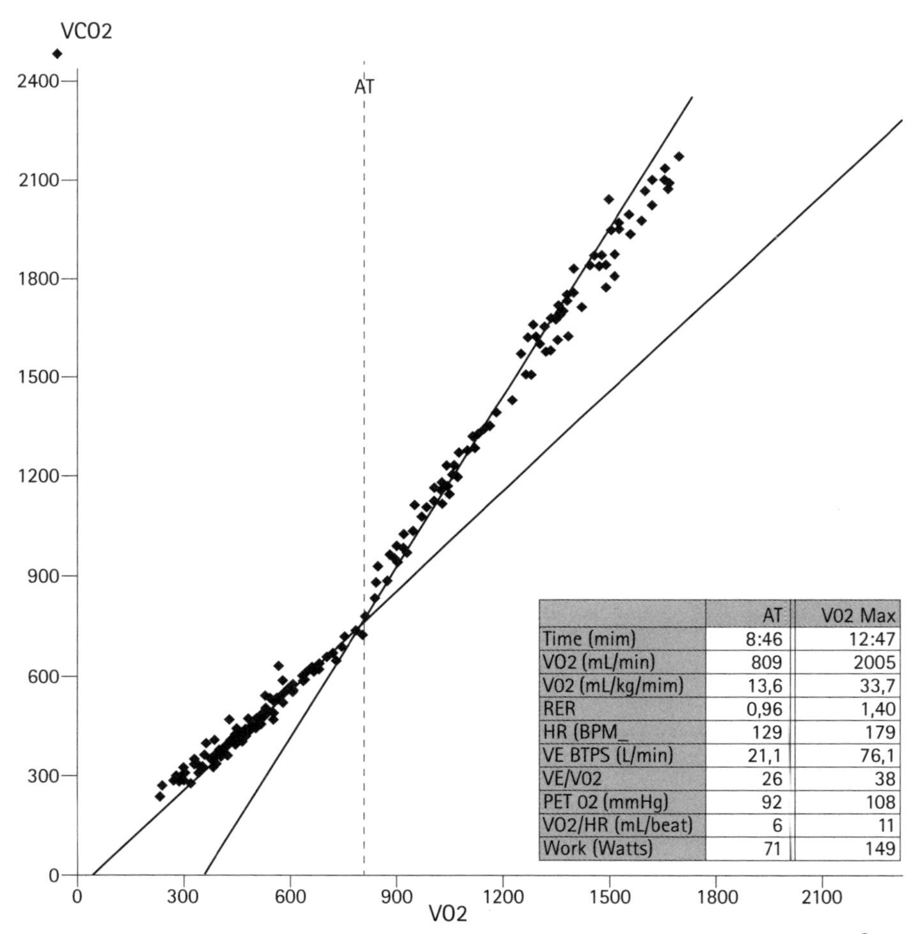

	AT	V02 Max
Time (mim)	8:46	12:47
V02 (mL/min)	809	2005
V02 (mL/kg/mim)	13,6	33,7
RER	0,96	1,40
HR (BPM_	129	179
VE BTPS (L/min)	21,1	76,1
VE/V02	26	38
PET 02 (mmHg)	92	108
V02/HR (mL/beat)	6	11
Work (Watts)	71	149

Figura 3. Representação gráfica (V-SLOPE) apresentado pelo sistema CPX/D® MedGraphics mostrando a identificação do LAV (AT), calculado automaticamente, pelo algoritmo a ele incorporado.

Análise dos dados pelos modelos bissegmentados

O método matemático escolhido foi baseado em pesquisas anteriores conduzidas em nosso Laboratório, em colaboração com o Instituto de Matemática, Estatística e Ciência da Computação (IMECC) da Unicamp, que já apontavam para a potencialidade dos modelos bissegmentados na determinação do LAV (SOLER, 1988, A e B; SOLER et al., 1989).

Os modelos para obtenção do LAV foram aplicados na resposta da VCO_2, convertida em médias móveis de oito ciclos respiratórios, no período que estendia do início da elevação das respostas ventilatórias até o ponto de compensação respiratória, ou o fim do esforço, quando o ponto de compensação respiratória não era alcançado.

A rotina do modelo bissegmentado foi escrita na linguagem computacional *S-PLUS 2000®*, *Professional Release 3* (*MathSoft, Inc. 1988-2000*). Essa rotina realiza a subdivisão do conjunto de dados (pares de variáveis correlatas) em duas partes (subconjuntos). À primeira parte ajusta-se, pelo método dos mínimos quadrados, um modelo linear, e à segunda parte dos dados ajusta-se um modelo linear ou quadrático.

O algoritmo inclui uma etapa inicial que verifica se as séries temporais a serem processadas contêm, ao menos, doze pontos. Esse número é o mínimo necessário para que o algoritmo processe os dados até a etapa final – isso porque são necessários quatro pontos iniciais e quatro pontos finais para que seja possível um ajuste quadrático (três parâmetros e um grau de liberdade adicional), além de quatro pontos, para que se possa visualizar uma representação gráfica na função critério. Estas considerações explicam porque os pontos iniciais e finais nos gráficos da função critério apresentam valores constantes; é por meio deste procedimento que a série temporal de saída da rotina contém o mesmo número de pontos que a série original.

As Figuras 4 e 5 mostram, respectivamente, uma composição gráfica e um exemplo de análise pelo modelo, em que as respostas da VCO_2 em relação ao tempo estão representadas, bem como a soma dos quadrados dos resíduos (SQRR) para o caso de ajuste do modelo bissegmentado linear-linear (L-L). Nestes gráficos, cada ponto representa um valor global da SQRR do conjunto de dados, em que o subconjunto inicial de valores de VCO_2 corresponde ao primeiro ajuste da reta e o subsequente, ao segundo ajuste de reta (CRESCÊNCIO, 2002; CRESCÊNCIO et al., 2003).

Da esquerda para a direita, a dinâmica do algoritmo procede a uma divisão do conjunto de dados, de modo que o número de pontos e o tamanho do primeiro ajuste de reta aumentem, e os do segundo ajuste de reta diminuam. Na Figura 4, a composição gráfica mostra a resposta da VCO_2 em função do tempo, bem como a soma dos quadrados dos resíduos das duas retas ajustadas em uma análise do modelo linear-linear. As mesmas considerações descritas, quanto aos procedimentos do algoritmo, são válidas quando o modelo considerado é do tipo linear-quadrático (L-Q). O ponto escolhido como LAV correspondeu ao menor valor da SQRR para o L-L e o L-Q.

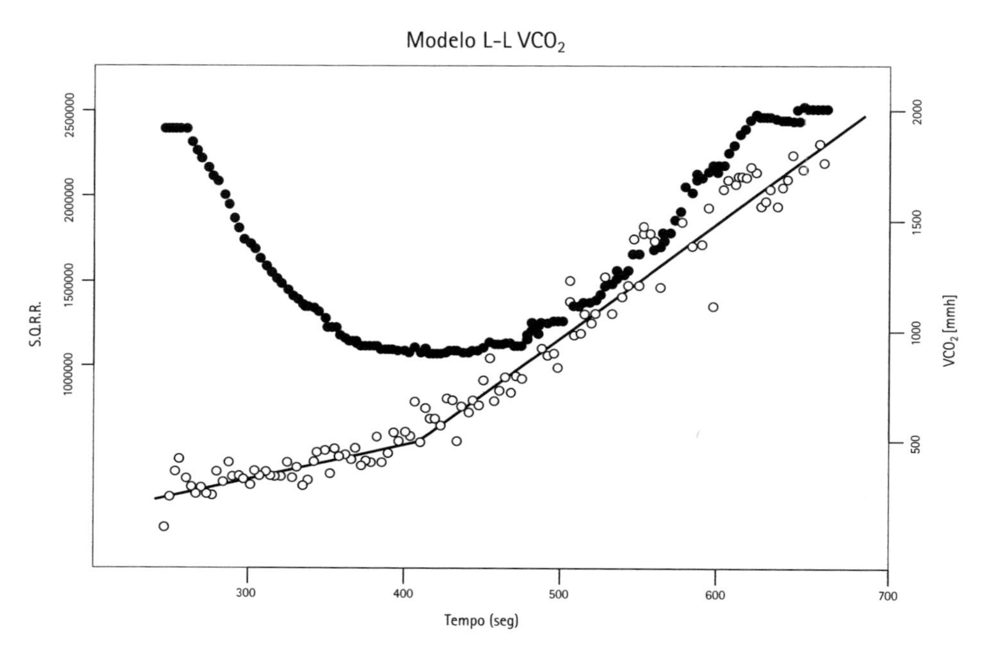

Figura 4. Composição gráfica exemplificando a resposta da VCO_2 (círculos abertos), em relação ao tempo, juntamente com a soma dos quadrados dos resíduos das duas retas do modelo bissegmentado (círculos cheios).

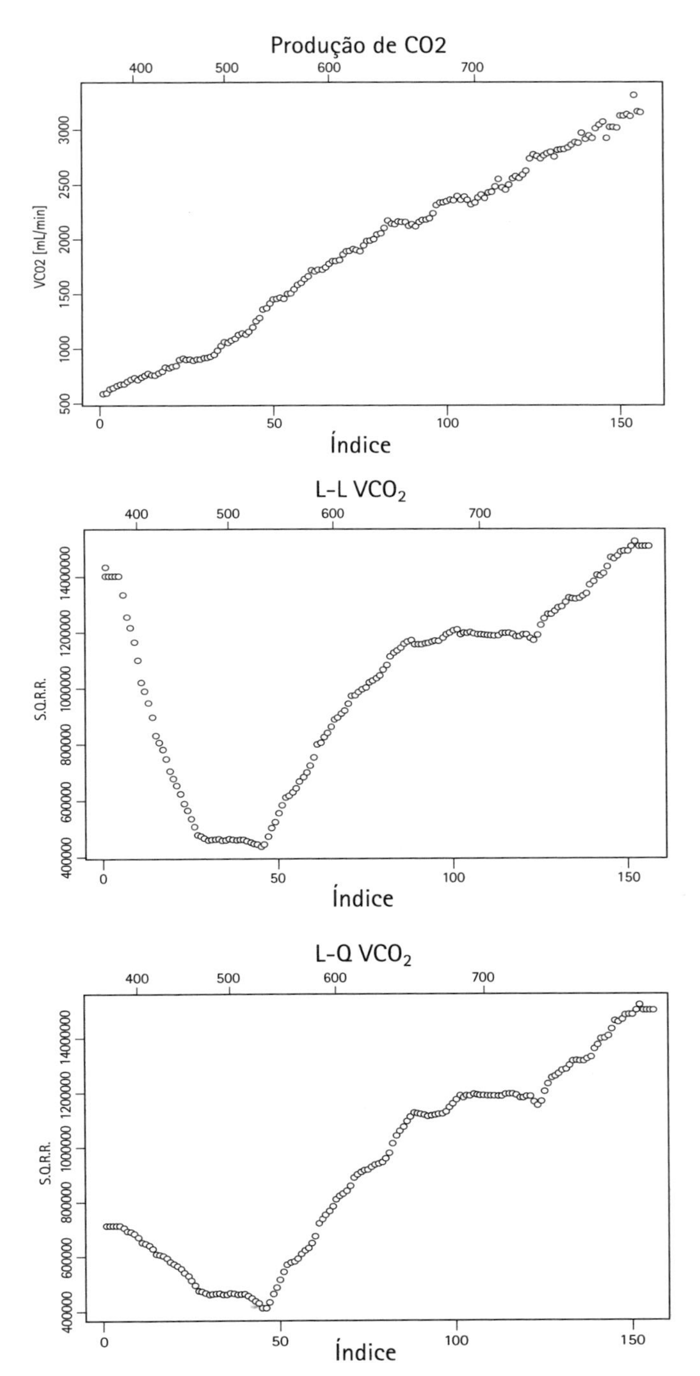

Figura 5. Representação de um conjunto de gráficos, incluindo a resposta da VCO_2 em relação ao tempo e a resposta dos valores da análise da SQRR para os modelos L-L e L-Q em um dos indivíduos estudados.

4 Resultados

Os resultados correspondem ao cálculo do LAV usando-se os métodos: visual (MV), automático (MA), linear-linear VCO_2 (L-L VCO_2) e linear--quadrático (L-Q VCO_2).

A Tabela 1 mostra os valores percentuais do número de casos em que cada método pôde determinar individualmente o limiar de anaerobiose ventilatório no grupo estudado. A análise global do desempenho dos modelos mostra um resultado bastante satisfatório, quando relacionado ao método padrão. O MA sempre calculou o LAV em todos os casos, mas, nos casos em que os métodos bissegmentados não permitiram a identificação do LAV, os valores calculados pelo MA foram bem inferiores aos encontrados no MV.

A Figura 6 mostra a comparação dos valores do LAV, expressos em VO_2, entre os métodos visual (MV), automático (MA), linear-linear VCO_2 (L-L VCO_2) e linear-quadrático VCO_2 (L-Q VCO_2). Foram comparados apenas 17 voluntários nos quais foi possível calcular o LAV por todos os métodos. A análise estatística usada foi o teste de Friedman, e não se documentou diferença estatisticamente significante ($p < 0{,}05$), entre os quatro métodos usados.

Tabela 1. Valores do limiar de anaerobiose ventilatório, determinados pelos quatro métodos, expressos em número de casos analisados e seu percentual em relação ao número total de voluntários estudados ($n = 27$).

Método	Casos analisados	Percentual
MV	27	100%
MA	27	100%
L-L VCO_2	24	88%
L-Q VCO_2	23	85%

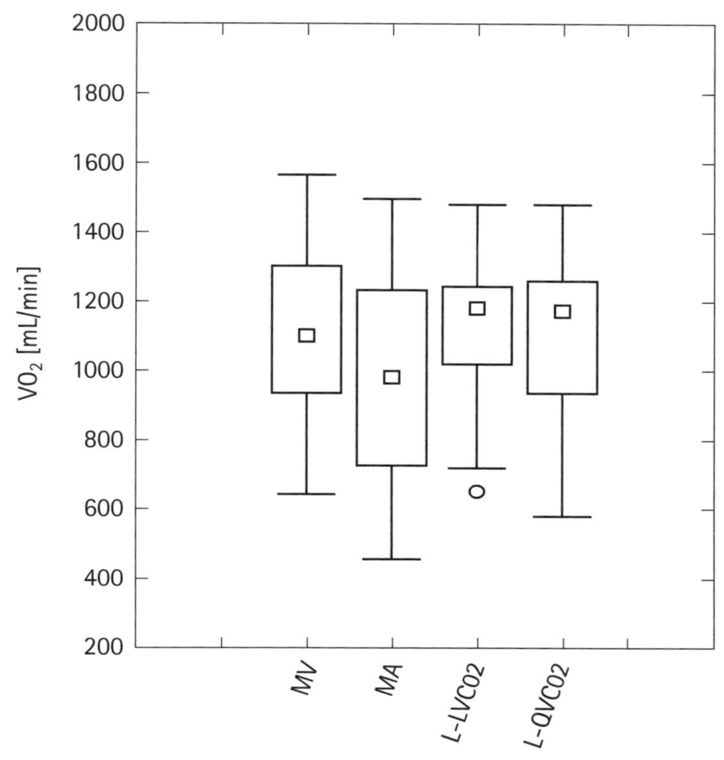

Figura 6. Comparação entre os valores do LAV expressos em VO_2 (mL/min) pelos quatro métodos estudados. Os valores estão representados como mediana, 1º e 3º quartis, e valores extremos.

5 Discussão

Apesar de existirem na literatura alguns trabalhos referentes à aplicação de modelos matemáticos na identificação do LAV durante a execução do exercício físico dinâmico, em geral, estes são restritos. Eles têm demonstrado a viabilidade do uso desse tipo de análise, mas, não têm objetivado uma comparação sistemática com o método visual clássico, e entre modelos com diferentes equações matemáticas e variáveis respiratórias (CAIOZZO et al., 1982; BEAVER et al., 1986).

O presente estudo teve por principal objetivo testar a validade de um grupo particular de modelos matemáticos, os modelos bissegmentados dos tipos linear-linear e linear-quadrático, para se identificar e quantificar o limiar de anaerobiose ventilatório.

Documentou-se, que não ocorreram diferenças estatisticamente significantes entre os valores do LAV calculados pelos vários modelos testados, que, por sua vez, também, não diferiram daquele obtido pelo método de referência, ou seja, o visual gráfico.

Os achados do presente trabalho mostram que, adequando-se o janelamento do conjunto de dados a ser analisado pelos modelos, é possível obter-se melhor desempenho dos modelos bissegmentados do que o conseguido por ocasião dos estudos realizados anteriormente em nosso Laboratório (CRESCÊNCIO, 2002; CRESCÊNCIO et al., 2003), e mais, mostrou que o método automático, incorporado ao equipamento, e com base nos conceitos de Beaver (BEAVER et al., 1986), também é eficiente, apesar de subestimar os valores de um subgrupo de voluntários estudados, nos quais não foi possível identificar o LAV pelos métodos dos modelos bissegmentados.

Os modelos matemáticos bissegmentados usados no presente estudo se mostraram promissores na quantificação do LAV, e nos incentivam a continuar investigando nessa linha de pesquisa, buscando automatizar o janelamento do conjunto de dados, propondo a utilização de redes neurais, de modo a eliminar qualquer fator de subjetividade na quantificação do LAV pelo uso desses modelos.

Referências bibliográficas

APTER, J. T. Models and mathematicals in medicine. In: *Medical Engineering*. Year Book Medical Publishers. INC, Chicago: Ed. Ray C.D., 1974. p. 79-89.

BEAVER, W. L.; WASSERAMN, K.; WHIPP, B. J. A new method for detecting anaerobic threshold by gas exchange. *J. Appl. Physiol.*, v. 60, p. 2020-2027, 1986.

CAIOZZO, V. J.; DAVIS, J. A.; ELLIS, J. F.; AZUS, J. L.; VANDAGIRFF, R. A. Comparison of gas exchange indices used to detect the anaerobic threshold. *J. Appl. Physiol.*, v. 53, p. 1184-1189, 1982.

CRESCÊNCIO, J. C. *Determinação do limiar de anaerobiose ventilatório no exercício físico dinâmico em indivíduos sadios*. Comparação entre métodos obtidos por análise visual e modelos matemáticos. 2002. Dissertação (Mestrado) – Faculdade de Medicina de Ribeirão Preto, USP. Programa de Clínica Médica, Área de Investigação Biomédica, Ribeirão Preto, 2002.

CRESCÊNCIO, J. C.; MARTINS, L. E. B.; MURTA Jr., L. O.; ANTLOGA, C. M.; KOZUKI, R.; SANTOS, M. D. B.; MARIN-NETO, J. A.; MACIEL, B. C.; GALLO Jr., L. Measurement of anaerobic threshold during dynamic exercise in healthy subjects: comparison among methods obtained by visual analysis and mathematical models. *Computers in Cardiology*, v. 30, p. 801-804, 2003.

GREEN, H. J.; HUGHSON, R. L.; ORR, G. W.; RANNEY, D. A. Anaerobic threshold, blood lactate and muscle metabolites in progressive exercise. *J. Appl. Physiol.*, v. 54, p. 1032-1038, 1983.

LAMARRA, N. Variables, constants, and parameters: clarilyng the system structure. *Med. Sci. Sports Exerc.*, v. 22, p. 88-95, 1990.

LINNARSSON, D. Dynamics of pulmonary gas exchange and heart-rate changes at start and end exercise. *Acta. Physiol. Scand.*, v. 415 (supl.), p. 1-68, 1974.

ORR, G. W. ; GREEN, H. J.; HUGSON, R. L.; BENNTETT, G.W. A computer linear regression model to determine ventilatory anaerobic threshold. *J. Appl. Physiol.*, v. 52, p. 1349-1352, 1982.

SOLER, A. M. *O modelo de regressão linear bi-segmentado na estimação do limiar de anaerobiose.* 1988. Dissertação (Mestrado) – Instituto de Matemática, Estatística e Ciência da Computação (IMECC), Unicamp, Campinas, 1988 A.

SOLER, A. M. "Change point" em modelos de regressão: metodologia e aplicações. *Relatório Trienal de Pesquisa, Instituto de Planejamento e Estudos Ambientais* (Ipea), p. 1-21, 1988 B.

SOLER, A. M.; FOLLEDO, M.; MARTINS, L. E. B.; LIMA FILHO, E. C.; GALLO Jr., L. Anaerobic threshold estimation by statistical modelling. *Braz. J. Med. Biol. Res.*, v. 22, p. 795-797, 1989.

WASSERMAN, K. HANSEN, J. E.; SUE, D.; WHIPP, B. J.; CASABURI, R. *Principles of exercise testing and interpretation*: *Including pathophysiology and clinical applications*, 4 ed. Baltimore: Lippincott Williams and Wilkins, 2004.

WIGERTZ, O. Dynamics of respiratory and circulatory adjustments to muscular exercise in man: a systems analysis approach. *Acta. Physiol. Scand.*, v. 353 (supl.), p. 1-32, 1971.0

Capítulo 3

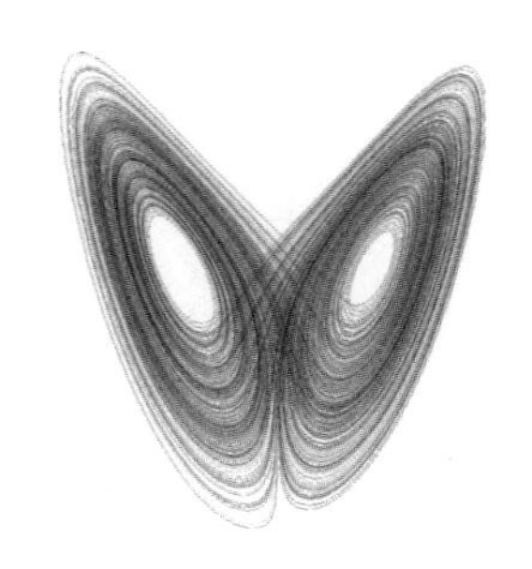

GEOMETRIA FRACTAL NAS CIÊNCIAS NÃO EXATAS

Estimação do Limiar de Anaerobiose Durante Exercício Físico Dinâmico a partir da Análise Matemática de Séries RR do Eletrocardiograma

FÁTIMA MARIA HELENA SIMÕES PEREIRA DA SILVA
ANTÔNIO CARLOS DA SILVA FILHO
JULIO CESAR CRESCÊNCIO
LOURENÇO GALLO JUNIOR

1 Introdução

Durante séculos, os conceitos da geometria euclidiana foram considerados como os que melhor descreviam o mundo em que vivemos. A descoberta de geometrias não euclidianas, como a geometria fractal, introduziu novos modelos matemáticos que representam fenômenos naturais. Fenômenos dinâmicos em Medicina e Biologia podem ser compreendidos por meio de modelos matemáticos da Teoria de Sistemas Dinâmicos Não lineares e Caos (GLASS; MACKEY, 1988). Há várias maneiras de ocorrer fractais em sistemas dinâmicos. Processos biológicos extremamente complexos e abrangentes envolvidos em condições fisiológicas, como o repouso e, sobretudo, durante o exercício físico, podem ser compreendidos por meio da aplicação da Teoria de Sistemas Dinâmicos. O ritmo cardíaco, por exemplo, é um atrativo irresistível para quem estuda dinâmica de sistemas biológicos. Guevara, em 1981, foi o pioneiro em mostrar, experimentalmente, em agregados de células de galinha, a emergência de comportamentos do ritmo cardíaco, seguindo uma rota de bifurcação até o caos.

Certas doenças caracterizadas por uma organização temporal anormal são chamadas de "doenças dinâmicas" (GLASS; MACKEY, 1988). Uma doença dinâmica pode ser identificada por uma mudança registrada na dinâmica de alguma variável. Em uma inversão do conceito tradicional, as dinâmicas do estado saudável normal são caóticas, e a doença pode estar associada à periodicidade (GOLDBERGER et al.,1990).

Durante o exercício físico dinâmico (EFD) há um ponto de mudança no estado fisiológico do indivíduo chamado limiar de anaerobiose (LA). Algumas variáveis cardiovasculares, incluindo a variabilidade da frequência cardíaca, experimentam mudanças substanciais nesse ponto. Marães em 2000, propôs o uso de modelos autorregressivos integrados de médias móveis (ARIMA), como procedimento não invasivo para detectar o LA em pessoas normais durante EFD. Nós propomos (SILVA, 2001) aplicação de uma análise matemática, oriunda da Geometria Fractal, mais especificamente, da Teoria de Sistemas Dinâmicos Não lineares, conhecida como Teoria do Caos, como procedimento não invasivo para detectar o LA em pessoas saudáveis. No presente estudo foram incluídos dez voluntários saudáveis, do sexo masculino, com o objetivo de caracterizarem-se as modificações na dinâmica do sistema, por meio da análise dos intervalos entre os batimentos cardíacos, em repouso e, sobretudo, durante EFD. Acreditamos que o estudo em indivíduos saudáveis é uma etapa inicial e indispensável para se compreender a dinâmica de processos em condições fisiológicas e possibilitar eventuais mudanças em patologias específicas do coração.

2 Teoria de Sistemas Dinâmicos Não Lineares

A Teoria de Sistemas Dinâmicos é tão antiga quanto a Mecânica Clássica, um ramo da Física. Ela trata do movimento de corpos macromoleculares deslocando-se com velocidades pequenas, se comparadas à velocidade da luz. Tudo indica que o embrião da Teoria de Sistemas Dinâmicos foi a astronomia de Aristóteles (384-322 a.C.) e Galileu (1564-1642). Aristóteles teve mais mérito por tentar responder alguns questionamentos sobre a Mecânica Celeste do que por suas respostas propriamente ditas. Ele escreveu um modelo astronômico que imaginava que o Universo obedecia. Mas era uma visão bastante incompleta. Com o passar do tempo as observações foram se tornando mais precisas e o modelo reelaborado. Na época de Copérnico (1473-1543), ainda acreditava-se na tese de Ptolomeu (90 d.C-168 d.C) que defendia que a Terra era o centro do universo. No modelo de Copérnico, o Sol ocupa o centro das órbitas circulares e a Terra é apenas mais um planeta do Sistema Solar. A hipótese de que a

Terra gira em torno de si mesma explicando o movimento aparente do céu já havia sido levantada por Aristarco de Samos (320-250 a.C, provavelmente) em um modelo heliocêntrico. Kepler (1571-1630) percebeu que todos os planetas pareciam seguir órbitas elípticas e não circulares. Os algarismos arábicos tinham sido introduzidos na Europa no século XIII, mas, lidar com números fracionários era uma tarefa árdua. As frações decimais só apareceram no século XVI. Neper (1550-1617), matemático escocês, publicou, em 1614, a primeira tabela de logaritmos que se tornou uma ferramenta de cálculo de grande valor para os astrônomos. Galileu Galilei (1564-1642), contemporâneo de Kepler, foi pioneiro no uso do telescópio para estudos sobre corpos celestes. Galileu se interessava pela teoria do movimento dos corpos. Sem uma Terra no centro do Universo, as leis aristotélicas não se sustentavam. Galileu, desconfiado das conclusões aristotélicas, adotou uma abordagem inédita. Ele, empiricamente, tentou refutar as leis aristotélicas. Foi Galileu que introduziu conceitos de Dinâmica (teoria que estuda as causas dos movimentos). Os resultados dos experimentos de Galileu sobre a cinemática de corpos caindo ou balançando sob a ação da gravidade constituem o ponto de partida da Teoria de Sistemas Dinâmicos. No ano em que Galileu morreu I. Newton nasceu. Newton (1642-1727) concebeu o cálculo diferencial e integral; propôs as três leis a respeito dos efeitos de uma força sobre o movimento de um corpo; deduziu a lei da gravitação universal, a partir das leis de Kepler do movimento planetário; fez trabalhos sobre séries binomiais; realizou experiências, observando a decomposição da luz branca, propôs que a luz é de natureza corpuscular e descobriu sua polarização e construiu o primeiro telescópio refletor (MONTEIRO, 2002). Newton resolveu o problema das equações de movimento de dois corpos celestes se atraindo, como o Sol e a Terra. No caso de um único planeta em torno do Sol as soluções são exatas. Quando, no entanto, se quis fazer uma teoria do movimento da Lua sob a ação do Sol e da Terra surgiu o famoso "problema de três corpos" que não parecia ser de natureza tão complexa, mas na realidade, se mostrou de dificílima solução. Podem-se fazer previsões dos movimentos por um tempo curto, mas por tempos mais longos, os graus de dificuldade aumentam. Os cálculos chegavam a tal ponto que parecia que os três corpos tinham um movimento caótico, isto é, sem nenhuma ordem relativa. Nessas circunstâncias, a problemática foi se revelando de complexidade incrivelmente maior, cabendo a H. Poincaré (1854-1912) estabelecer os fundamentos matemáticos dessa teoria, designada de teoria da bifurcação. Ele observou, pela primeira vez, que perturbações muito pequenas no problema dos três corpos celestes poderiam levar a órbitas planetárias completamente diferentes (o que mais tarde foi chamado por E. Lorenz (1917-2008), matemático e meteorologista, de efeito borboleta). Porém, em virtude das características nãolineares dos modelos matemáticos envolvidos e, sobretudo, em virtude dos cálculos exaustivos que só poderiam ser concluídos com o auxílio de computadores, a Teoria de Sistemas Dinâmicos não se desenvolveu até 1963. Nesse ano, E. Lorenz publicou um modelo, aparentemente simples, de evolução temporal, observado em computador, baseado em um sistema nãolinear de três equações diferenciais de primeira ordem que pode apresentar um comportamento rico em suas soluções (dependendo dos parâmetros e das condições iniciais). O aspecto inusitado é que a motivação inicial do achado de Lorenz surgiu na tentativa de resolver um determinado cálculo, que já tinha sido obtido por ele; entretanto, quando foi repeti-lo, para ganhar tempo, não começou com os mesmos valores iniciais (seis algarismos significativos), mas sim, truncando os três últimos algarismos significativos; o resultado o deixou perplexo, porque foi muito diferente do anterior. Afastada a possibilidade de defeito no funcionamento do computador, ele concluiu que os resultados da simulação eram sensíveis às condições iniciais (MONTEIRO, 2002).

Um sistema de coordenadas, associado às variáveis independentes, que descrevem a dinâmica de um sistema é denominado espaço de fases. Um sistema estável é representado por um ponto fixo no espaço de fases; enquanto um sistema periódico apresenta uma órbita fechada (ciclo limite). No caso de sistemas caóticos, as órbitas da trajetória nunca repetem o mesmo caminho; contudo, as órbitas estão confinadas (atraídas) a uma região limitada do espaço de fases. Essa representação é um atrator. Agora, descrevendo-se com rigor matemático, um conjunto fechado de pontos A, no espaço de fases de um sistema dinâmico, é definido como atrator, se:

- A é um conjunto invariante: ou seja, qualquer trajetória que começa em A, permanece em A por todo o tempo;
- A atrai um conjunto aberto de condições iniciais: isto é, há um hipervolume esférico B que contém A tal que, para qualquer condição inicial pertencente a B, a distância entre a trajetória e A tende a zero, quando $t \to \infty$.

Lorenz, partiu das equações abaixo:

$$dx/dt = a\,(y - x)$$
$$dy/dt = x\,(b - z) - y$$
$$dz/dt = xy - cz$$

Um conjunto de constantes comumente usadas é: $a = 10$, $b = 28$, $c = 8/3$. Outro: $a = 28$, $b = 46{,}92$, $c = 4$. A Figura 1 mostra os resultados de x versus y.

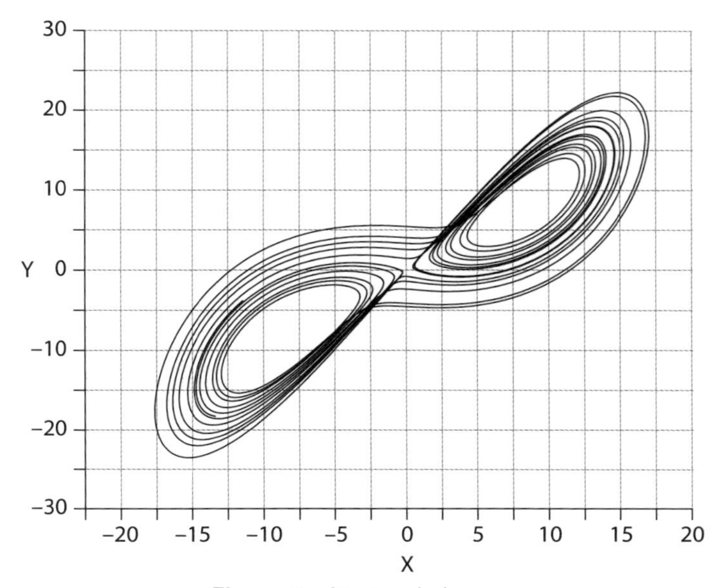

Figura 1. Atrator de Lorenz

Há atratores que por não apresentarem formas geométricas conhecidas, são chamados de atratores estranhos (RUELLE, D.; TAKENS F, 1971). Em geral, apresentam auto-similaridade de escala (ou caráter fractal), e uma dimensão fractal associada. Um exemplo é o atrator de Lorenz (Figura 1).

Sistemas, como o descrito por Lorenz, são chamados de caóticos deterministas.

Um dos parâmetros não lineares que se utiliza ao analisar um Sistema Dinâmico é a dimensão.

Dimensão, no senso comum, é qualquer quantidade mensurável como comprimento, altura, largura etc. A palavra dimensão é derivada da palavra "dimensio" que significa medida. Assim, quando queremos caracterizar um objeto ou indivíduo medimos, entre outros atributos, suas dimensões.

A definição matemática de dimensão mais corriqueira é a chamada dimensão euclidiana, seguida pela dimensão topológica. Encontra-se na literatura referente à Sistemas Dinâmicos, pelo menos, oito abordagens diferentes de dimensão (SILVA, 2001; TSONIS, 1992).

Por definição, dimensão euclidiana é o número de coordenadas necessárias para descrever um ente geométrico. Há entes geométricos com quatro ou mais dimensões euclidianas. São chamados de hiperesferas, hipercubos etc., e têm representação apenas matemática, não podendo ser representados graficamente.

Dimensão topológica é definida como sendo 1 mais a dimensão euclidiana, do ente geométrico mais simples que pode subdividir o objeto cuja dimensão topológica procuramos. Por exemplo, considere uma linha reta como uma série de pontos conectados. Se removermos qualquer ponto dessa série (salvo os extremos) a linha ficará subdivida em duas. Assim, um ponto (dimensão zero) é o ente geométrico mais simples que divide uma linha. Logo, a dimensão topológica de uma linha é $1 + 0 = 1$. A dimensão topológica, assim como a euclidiana, é sempre um número natural e às vezes coincidem, mas nem sempre. Um contraexemplo é mostrado na Figura 2:

Dimensão como número de variáveis: a dimensão de um sistema também pode ser medida pelos seus graus de liberdade, ou seja, pelo número mínimo de variáveis capaz de descrevê-lo. Estudiosos de sistemas dinâmicos costumam usar em seu jargão: "sistemas de baixa-dimensão" ou "sistemas de alta-dimensão" quando se referem a sistemas com poucas variáveis no espaço de fase, ou muitas, respectivamente.

São três as dimensões fractais encontradas na literatura, a saber: Dimensão de Capacidade (D_0), Dimensão de Informação (D_1) e Dimensão de Correlação (D_2).

Seja um conjunto de pontos num espaço de fases "d-dimensional", e $N(\varepsilon)$ o número de hiperesferas de diâmetro ε necessárias para cobrir o conjunto todo. Então, a dimensão do conjunto, dada pela expressão (2.1):

$$D_0 = \lim_{\varepsilon \to 0} \left(\frac{\ln n(\varepsilon)}{\ln\left(\frac{1}{\varepsilon}\right)} \right) \tag{2.1}$$

é chamada de "dimensão de capacidade" ou "dimensão de caixa", e foi proposta por Kolmogorov em 1958. Em 1918, Hausdorff propôs obter a dimensão de um conjunto de pontos por meio do processo de busca de hiperesferas de diâmetro ε_j, com $\varepsilon_j < \varepsilon$, que cubra o conjunto de pontos, de

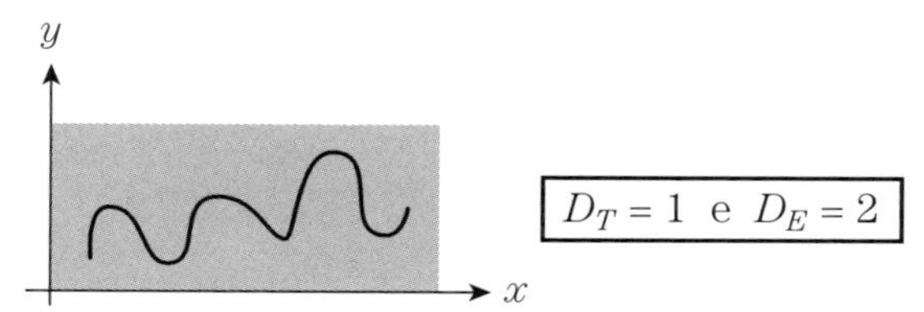

Figura 2. Dimensão Euclidiana e Topológica para a mesma figura geométrica.

forma que o número de hiperesferas seja mínimo. Tal dimensão é chamada de dimensão de Hausdorff. A dimensão de capacidade é um caso especial da dimensão de Hausdorff, onde as hiperesferas necessárias para cobrir o conjunto são do mesmo tamanho.

Há uma definição de dimensão que está diretamente ligada ao conceito de informação e sua medida. Chama-se dimensão de informação e para calculá-la, considera-se um objeto e constrói uma rede formada por células de tamanho ε que o recobre. Conta-se, então, a quantidade de pontos em cada célula e divide-se essa quantidade pelo número total de pontos no objeto. Certamente, algumas células estarão vazias, enquanto outras terão uma boa frequência.

Diminuindo-se o tamanho da célula, tem-se uma ideia mais precisa da distribuição dos pontos no objeto (imagina-se o caso limite em que ε é tão grande que uma única célula contenha todo o objeto: não se tem, nesse caso, informação alguma sobre sua estrutura).

Chamando de N_S o número total de estados (células) de tamanho ε (cuja probabilidade de ocupação é diferente de zero) e de Pi a probabilidade de ocupação do i-ésimo estado, a quantidade de informação, I_ε, pode ser escrita como:

$$I_\varepsilon = \sum_{i=1}^{N_S} P_i \cdot \log_2 \frac{1}{P_i} \tag{2.2}$$

Sabe-se que a informação aumenta à medida que ε diminui, ou, o que é equivalente, à medida que $1/\varepsilon$ aumenta. A experiência indica que, para valores intermediários de ε, I_ε é aproximadamente proporcional a $\log_2(1/\varepsilon)$, ou seja:

$$I_\varepsilon = a + D_1 \log_2\left(\frac{1}{\varepsilon}\right) \tag{2.3}$$

O coeficiente de inclinação da curva nessa região linear, num gráfico de I_ε versus $\log_2(1/\varepsilon)$, é a dimensão de informação (D_1).

A dimensão topológica do espaço onde o atrator está "mergulhado" é chamada de dimensão de imersão e representada pela letra m. É claro que a dimensão de imersão será sempre maior que a dimensão fractal do atrator.

Como o valor de D_1 depende da dimensão de imersão (m) em que o objeto está, temos que calcular D_1 para várias dimensões de imersão e procurar por algum valor assintótico (valor para o qual D_1 converge).

Atualmente, uma medida de dimensão fractal muito divulgada e muito utilizada é a dimensão de correlação (D_2). Foi proposta, primeiramente, por Grassberger & Procaccia, 1983. A dimensão de correlação é muito parecida em sua definição com a dimensão de informação: ambas são expressas em termos de probabilidade. A diferença está na maneira de se calcular essas probabilidades. Para o cálculo da dimensão de informação constrói-se uma rede que englobe o objeto em estudo e calcula-se, basicamente, a probabilidade de ocupação de cada célula; já para a dimensão de correlação, constrói-se uma célula centrada em cada ponto da trajetória do atrator e calcula-se a probabilidade de ocupação dessa célula.

D_2 é, usualmente, estimada para um conjunto de dados experimentais quando se deseja caracterizar sistemas não lineares. Seu cálculo é feito a partir dos valores de alguma variável como função do tempo (Algoritmo de Grassberger & Procaccia, aplicando o Teorema de Takens (GRASSBERGER, P.; PROCACCIA, 1983; RAND, D.A.; YOUNG, L.S. 1981)). O teorema de Takens garante uma representação num espaço derivado do tipo $x(t), x(t+\tau), x(t+2\tau), \ldots$, onde, τ é o passo de reconstrução da série temporal (tempo de retardo).

Um parâmetro importante na reconstrução do atrator é o passo (τ). O estimador de τ tem que ser de tal forma que $x(t_i)$ e $x(t_i+\tau)$ sejam parcialmente não correlacionados e independentes (para não utilizarmos um estimador viciado, do ponto de vista estatístico). Carvajal e seus colaboradores em 2005 avaliaram os procedimentos para a estimação da D_2 com diferentes valores de τ, entre eles o valor correspondente ao primeiro mínimo relativo da função de autocorrelação.

Pensemos na probabilidade de termos dois pontos do atrator numa caixa de lado ε e na probabilidade da distância entre esses 2 pontos ser menor que ε. A medida dessa probabilidade, $C(\varepsilon)$, é dada pela fórmula:

$$C(\varepsilon) = \lim_{N\to\infty} \frac{1}{N(N-1)} \left\{ \text{n. de pares } i,j, \text{ tais que } \left|\vec{x}_i - \vec{x}_j\right| < \varepsilon \right\} =$$

$$= \frac{1}{N(N-1)} \sum_{i=1}^{N} \sum_{j=1}^{N} \Theta\left[\varepsilon - \left|\vec{x}_i - \vec{x}_j\right|\right] \tag{2.4}$$

onde $\Theta(x)$ é a função degrau de Heaviside definida por:

$$\Theta(x) = \begin{cases} 1 \text{ se } x \geq 0 \\ 0 \text{ se } x < 0 \end{cases}$$

e $C(\varepsilon)$ é chamada integral de correlação.

Numa escala log-log, o gráfico de $C(\varepsilon)$ versus ε mostra uma região linear onde:

$$\log\,(C(\varepsilon)) \approx D_2 \cdot \log\,(\varepsilon)$$

é satisfeita e:

$$D_2 \approx \lim_{\varepsilon \to 0} \frac{\log C(\varepsilon)}{\log \varepsilon}$$

é a dimensão de correlação.

D_2 pode ser interpretada como um indicador do número de graus de liberdade e, por conseguinte, do grau de organização do sistema. Assim, quanto mais complexo é um sistema maior é sua D_2.

Outro parâmetro interessante para se caracterizar um sistema dinâmico é a entropia. Segundo Tsonis (1992), o físico alemão R. Clausis (1822-1888), baseado, em parte, no princípio fundamental do físico francês Sadi Carnot, de 1820, introduziu o conceito de entropia em seu trabalho publicado em 1865 sobre engenharia de produção de calor (termodinâmica). A ideia geral é que é impossível conduzir toda a energia de um sistema na realização de trabalho, pois parte dessa energia não é utilizável (ela escapa, por exemplo). A entropia é, nesse sentido, uma medida da energia inacessível. O físico austríaco L. Boltzmann (1844-1906) delineou uma medida estatística de entropia (H):

$$H = -K \sum_{i=1}^{N_s} P_i \log(P_i) \tag{2.5}$$

onde K é a constante de Boltzmann e P_i é a probabilidade ordinária de um elemento estar em qualquer um dos N_s estados do espaço de fases. C. E. Shannon (1916-2001), engenheiro, escreveu um famoso trabalho, em 1940 (resumido em 1949 por Shannon e Weaver), com abordagens matemáticas, que deu origem à teoria da informação. Em particular, por considerar probabilidades, Shannon chegou à mesma equação de Boltzmann (2.5) com $K = 1$. A. N. Kolmogorov (1903-1987) propôs aplicar, em 1958, a entropia de Shannon para sistemas dinâmicos. Mais tarde, em 1959, Sinai deu uma definição refinada e uma prova para a teoria de Kolmogorov. Esse tipo de entropia passou a chamar-se, então, entropia de Kolmogorov-Sinai (K-S).

Em particular, a entropia K-S pode ser calculada a partir da perda (ou ganho) de informação sobre o sistema entre os instantes $m\tau$ e $(m + 1)\tau$, ou seja:

$$\tau H_{KS} = \lim_{\varepsilon \to 0} \lim_{m \to \infty} \ln \frac{C_m(\varepsilon)}{C_{m+1}(\varepsilon)} \tag{2.6}$$

onde τ é o passo da reconstrução da série (tempo de retardo), e $C(\varepsilon)$ a integral de correlação (2.4). À medida que m cresce, o valor médio: $K_2 = 1/\tau \ln C_m(\varepsilon)/C_{m+1}(\varepsilon)$ converge para H_{KS}. Uma possibilidade é representar, em um gráfico cartesiano, esse valor médio em função de m para diferentes valores de ε e observar o comportamento assintótico para m grande e ε pequeno. Em sistemas caóticos deterministas K_2 converge para valores positivos e finitos.

3 Aplicação da Teoria de Sistemas Dinâmicos Não Lineares na caracterização do Limiar de Anaerobiose durante o exercício físico dinâmico em indivíduos sadios.

O exercício físico dinâmico (EFD) é um tipo de esforço em que os músculos esqueléticos se contraem e se relaxam ritmicamente, com realização de trabalho externo e movimentação dos membros superiores e/ou inferiores. Andar, correr, nadar e andar de bicicleta são exemplos corriqueiros de EFD.

Considere a condição de um indivíduo executando EFD em uma bicicleta ergométrica estacionária, cuja potência, em forma de rampa, aumente progressivamente. Nesse caso, o consumo de oxigênio eleva-se de forma aproximadamente linear, até um ponto, onde aumentos adicionais de potência aplicadas não mais modificam o consumo de oxigênio (O_2). Nessas circunstâncias, atinge-se uma condição correspondente ao que se chama de "consumo máximo de oxigênio" (VO_2 max), em decorrência da saturação de um ou mais sistemas de transporte de oxigênio. O VO_2max é um dos melhores parâmetros para se medir o transporte de O_2. Porém, dificilmente se obtém em ambiente laboratorial a medida do VO_2max em indivíduos sadios e em doentes, pois, o esforço é interrompido, por estafa física, em potências inferiores às correspondentes ao VO_2max. Entretanto, em potências submáximas de esforço, facilmente toleráveis, é possível obter-se a medida do limiar de anaerobiose (LA) em qualquer pessoa, saudável ou doente. No ponto correspondente ao LA, ou próximo dele, ocorrem mudanças nos padrões de resposta das variáveis em vários sistemas biológicos como respiratório, cardiovascular, nervoso central e periférico, e muscular, que podem ser usados como marcadores do LA. Ressalte-se, que o LA, além de se constituir num delimitador de dois estados fisiológicos distintos no EFD, é um dos melhores parâmetros para se quantificar a reserva funcional do sistema cardiorrespiratório, e também se correlaciona com o VO_2 max, nos casos em que este último é obtido.

Com o objetivo de se buscar uma forma, não invasiva e de baixo custo, de se caracterizar o LA, estudamos dez indivíduos voluntários sadios, do sexo masculino em dois protocolos, a saber: protocolo PROG – a potência da bicicleta ergométrica era aumentada progressivamente e protocolo RAND – a potência era aumentada de forma alternada, isto é, randômica. Esses indivíduos não apresentavam doenças do coração ou respiratória. Acreditamos que o estudo em indivíduos saudáveis é uma etapa inicial e indispensável para se compreender a dinâmica de processos em condições fisiológicas e possibilitar as eventuais mudanças em patologias específicas do coração.

Ao estudarmos esses indivíduos, esperávamos encontrar modificações na dinâmica dos intervalos entre os batimentos cardíacos, em repouso e, sobretudo, durante EFD. O eletrocardiograma convencional (ECG) é a ferramenta não invasiva mais adequada para monitorar a atividade elétrica do coração. Os intervalos entre batimentos foram obtidos por meio de medidas dos intervalos entre as ondas R do ECG denominados de intervalos RR. Tivemos o cuidado de descontarmos 1,5 minutos iniciais e 1,5 minutos finais, para assegurarmos um período de estabilidade dos sinais estudados. Para tal, propomos medir os parâmetros: Dimensão de Correlação (D_2) e Entropia de Kolmogorov-Sinai (K-S). Tal procedimento tem a vantagem de ser não invasivo e requer equipamentos, atualmente, de baixo custo. O estudo inclui, ainda, a comparação entre os valores indicativos do LA por meio dos parâmetros não lineares com os valores obtidos a partir de análise estatística utilizando-se modelo autoregressivo integrado de médias móveis (ARIMA) (MARÃES et al.,2000).

Para cada série estimou-se o passo da reconstrução (τ) com base nas funções de autocorrelação. As integrais de correlação C(ε) foram obtidas a partir das séries reconstruídas (Figura 3).

Para a estimação de D_2, a região de linearidade foi identificada por meio da utilização de gráficos das derivadas instantâneas de C para dimensões de imersão (m) variando de 2 a 20.

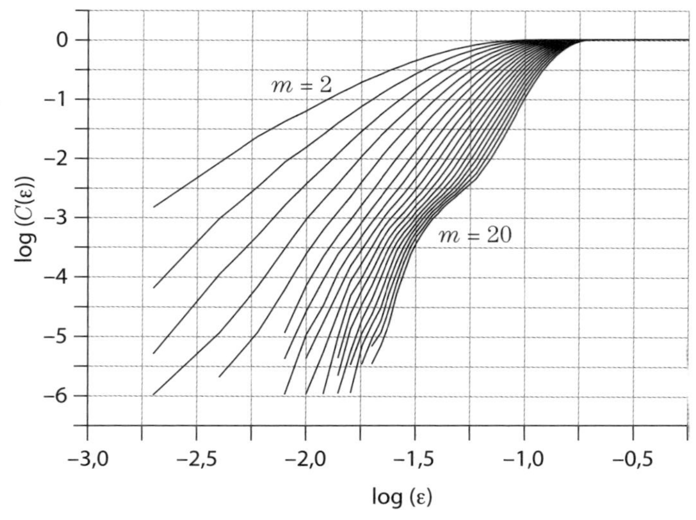

Figura 3. Integrais de Correlação (C) em função de ε, numa escala log-log, para valores de *m* variando de 2 a 20 (indivíduo DB, protocolo RAND, EFD, 115 W).

D_2 foi estimada para cada indivíduo nas diversas potências e em repouso para cada protocolo.

D_2 diminui com o aumento da potência o que sugere uma diminuição da complexidade do sistema e tendência a uma organização (Figura 4). Apontamos, então, a menor D_2 como indicadora do LA (Tabela 1).

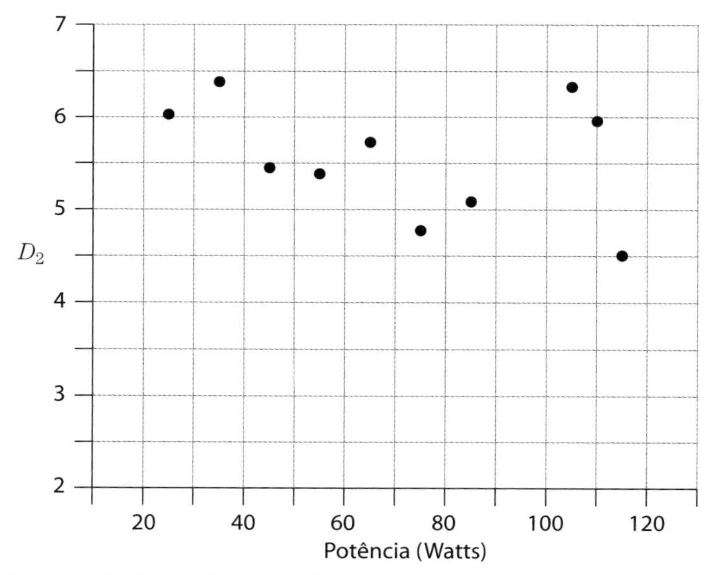

Figura 4. Diagrama de dispersão para valores estimados de D_2 versus potência em Watts (indivíduo DB, protocolo RAND, EFD).

Tabela 1. Comparação entre os valores de potência, que corresponde ao LA, obtidos por ARIMA, entropia K-S e dimensão D_2, incluindo todos os indivíduos em ambos os protocolos: progressivo (PROG) e randômico (RAND).

Indivíduo	ARIMA – POWER (W)	K-S – POWER (W)	D_2 – POWER (W)
EFM(PROG)	90	90	90
FDM(PROG)	75	90	90
HBF(PROG)	75	*	75
MAN(PROG)	100	100	100
DB(PROG)	115	115	110
EFM(RAND)	90	90	90
FDM(RAND)	75	90	65
HBF(RAND)	75	*	55
MAN(RAND)	100	100	100
DB(RAND)	115	115	115
ADS(PROG)	55	65	65
ACC(PROG)	55	55	75
MAF(PROG)	85	85	75
MABC(PROG)	75	*	45
JAC(PROG)	75	75	90
ADS(RAND)	65	65	65
ACC(RAND)	75	75	75
MAF(RAND)	85	*	85
MABC(RAND)	75	*	75
JAC(RAND)	85	95	95

* Nenhuma potência pode ser indicativa do LA pelo método. (W = Watts)

Os resultados obtidos pelos métodos K-S e ARIMA são altamente correlacionados: coeficiente de correlação de Spearman = 0,93 e p-valor < 0,01, para N = 15 (Figura 5).

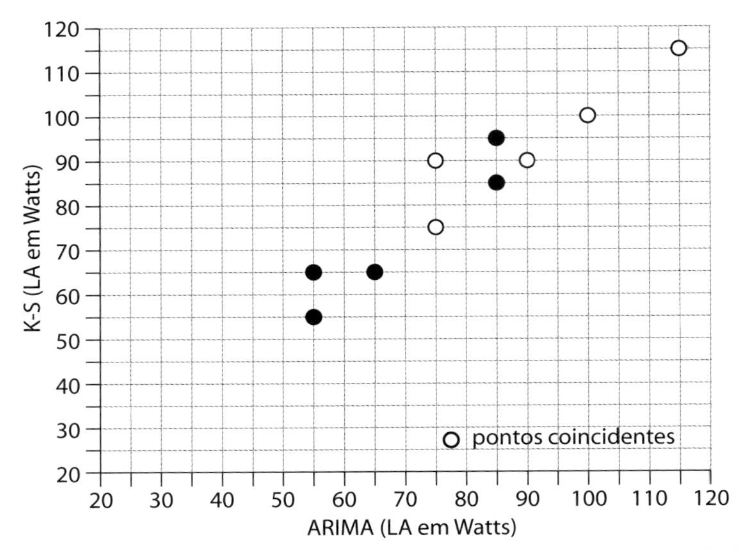

Figura 5. Comparação entre os valores de LA expressos em Watts calculados pela entropia K-S e pelo método ARIMA

Os resultados obtidos pelos métodos D_2 e ARIMA são razoavelmente correlacionados: coeficiente de correlação de Spearman = 0,87 e p-valor < 0,01, para $N = 15$ (Fig. 6).

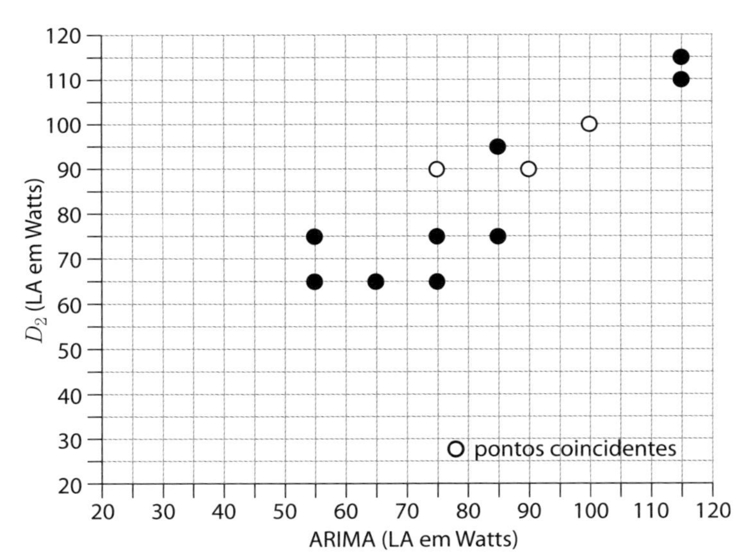

Figura 6. Comparação entre os valores de LA expressos em Watts calculados pela dimensão de correlação (D_2) e pelo método ARIMA

Os resultados obtidos pelos métodos K-S e D_2 são razoavelmente correlacionados: coeficiente de correlação de Spearman = 0, 86 e p-valor < 0,01, para N = 15 (Fig. 7).

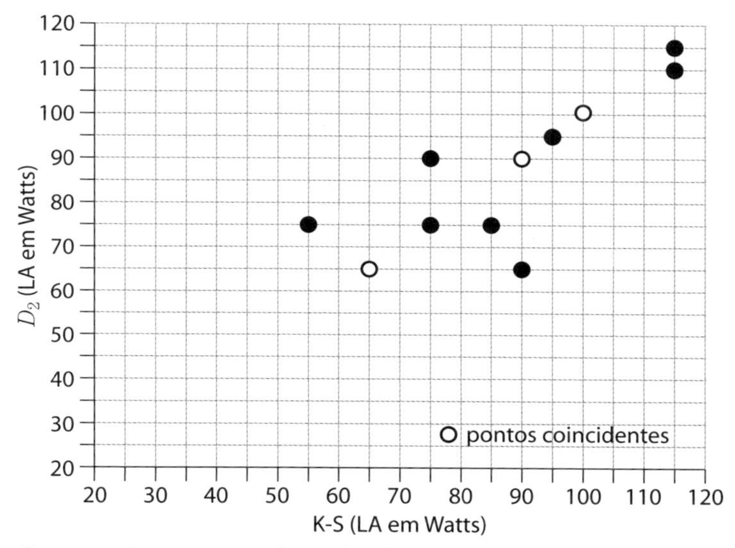

Figura 7. Comparação entre os valores de LA expressos em Watts calculados pela dimensão de correlação (D_2) e pela entropia K-S

4 Conclusões

Descrevemos uma forma não invasiva de se obter o LA, por meio de ferramentas matemáticas sofisticadas. As conclusões podem ser resumidas como segue:

1. Documenta-se redução de variabilidade da frequência cardíaca durante o EFD, com tendência da dimensão fractal do atrator decrescer, à medida que a potência aumenta, sugerindo que o sistema adquira comportamento mais organizado. De fato, para todos os casos aqui estudados, D_2 diminuiu à medida que a potência aumentou. As menores dimensões podem, então, ser indicativas do LA. Para alguns casos, D_2 aumenta rapidamente após o LA. Ressalte-se, porém, que D_2 é estatisticamente pouco robusta para apontar o LA, porque, a quantidade de pontos das séries RR não excede 2.000 (por vezes, é menor do que 1.000). Além disso, como a topografia do atrator é desconhecida, a pequena quantidade de dados implica outro problema: para a escolha da dimensão de imersão (m) ideal, se faz necessário reconstruir o atrator para valores crescentes e sucessivos de m, e, em

geral, como m aumenta linearmente, também aumenta a quantidade mínima de pontos necessários para o cálculo de D_2. Finalmente, outra limitação desse método seria a não objetividade na forma de se obter a região de linearidade, a fim de se calcular o valor assintótico que corresponde ao valor estimado de D_2.

2. A alta correlação linear (r = 0,93), estatisticamente significante ao nível 1%, entre os métodos ARIMA e K-S, permite a conclusão de que este último método pode ser utilizado para se obter o LA no EFD.

Referências bibliográficas

CARVAJAL, R. et al. Correlation dimension analysis of heart rate variability in patients with dilated cardiomyopathy.*Computer Methods and Programs in Biomedicine*, v. 78, p. 133-140, 2005.

GLASS, L.; MACKEY, M. C. *From clocks to chaos*: the rhythms of life. Princeton: Princeton University Press, 1988.

GOLDBERGER,A. L. et al. Chaos and fractals in human physiology. *Scientific American*, v. 262, n. 2, p. 43-49, 1990.

GRASSBERGER, P.; PROCACCIA, I. Measuring the strangeness of strange attractors. *Physica D: Nonlinear Phenomena*, v. 9, p. 189-208, 1983.

GUEVARA, M. R. et al. Phase locking, period-doubling bifurcations and irregular dynamics in periodically stimulated cardiac cells. *Science*, v. 214, 1350-1353, 1981.

MARÃES, V. R. F. S. et al. The heart rate variability in dynamic exercise. Its possible role to signal anaerobic threshold. *The physiogist*, v. 43, p. 339, 2000.

MONTEIRO, L. H. A. *Sistemas Dinâmicos*. São Paulo: Editora Livraria da Física, 2002.

RUELLE, D.; TAKENS F. *On the nature of turbulence.Commun. Math. Phys.*, v. 3, n. 20, p. 167-192, 1971.

SILVA, F. M. H. S. P. *Aplicação da dinâmica não linear no estudo da resposta dos intervalos RR do eletrocardiograma durante o exercício físico dinâmico em indivíduos sadios*. 2001. Tese (Doutorado) – Universidade de São Paulo, 2001.

TAKENS, F. Detecting strange attractors in turbulence. In: RAND, D.A.; YOUNG, L. S. (eds.) Dynamical systems and turbulence, (Springer lecture notes in mathematics) *Springer-Verlag*, v. 898, p. 366-381, 1981.

TSONIS, A. A. *Chaos*: from theory to applications. New York: Plenum Press, 1992.

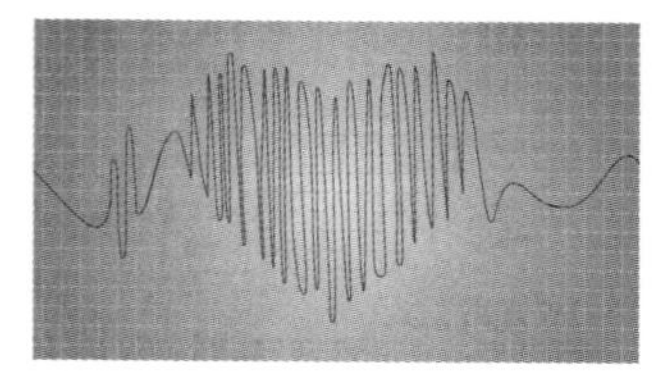

Capítulo 4

ANÁLISE DE COMPLEXIDADE NO ESTUDO DA VARIABILIDADE DA FREQUÊNCIA CARDÍACA POR MEIO DA ENTROPIA APROXIMADA

KÁTIA CRISTIANE NAKAZATO
LUIZ OTAVIO MURTA JUNIOR
JÚLIO CÉSAR CRESCÊNCIO
LUIZ EDUARDO VIRGILIO DA SILVA
RENATA TORRES KOZUKI
LOURENÇO GALLO JÚNIOR

1 Introdução

Ao se procurar caracterizar o que seja complexidade podemos recorrer a duas situações que nos ajudam a compreender o seu significado: os processos estocásticos, compostos por geração de quantidades aleatórias ou randômicas, e os processos determinísticos, quando a dinâmica pode ser representada por equações que descrevem sua trajetória temporal. Quantidades completamente aleatórias ou randômicas se comportam como se fossem geradas por simples sorteio de números, sem nenhuma correlação matemática ou estatística entre si. Por outro lado, em sistemas determinísticos podemos ter correlações numéricas dos tipos lineares e não lineares. Regimes gerados por processo aleatório ou determinístico podem parecer iguais, numa primeira observação, mas, em condições de análise mais criteriosa apresentam comportamentos dinâmicos diferentes.

Os sistemas dinâmicos são aqueles que, por estarem em um regime fora do equilíbrio, estão em um processo de busca do equilíbrio de forças que atuam no mesmo. Tais sistemas encontram-se numa constante evolução até que o equilíbrio seja atingido. Essa evolução pode proceder de forma não linear ou linear. A evolução é linear quando pode ser descrita como uma combinação linear ou soma ponderada de estados acumulados na história recente de sua trajetória. Por outro lado, quando essa evolução assume comportamentos não explicados por simples combinações lineares, ocorrem dinâmicas mais complexas e ditas não lineares. Tal observação é parcialmente possível à luz de métodos de cálculos de entropia que serão introduzidos neste artigo.

A fim de se compreender os comportamentos complexos presentes em diversos sistemas, incluindo sistemas fisiológicos, vários modelos têm sido propostos. Embora a análise matemática dos sistemas determinísticos conhecidos seja um problema interessante, a aplicação indiscriminada de modelos determinísticos e algoritmos de análises baseadas em tais modelos é perigosa e, frequentemente não traz uma maior compreensão do fenômeno. Mesmo para um sistema caótico de baixa dimensionalidade, um grande número de pontos é necessário para garantir a convergência desses algoritmos, e se estimar a dimensão de correlação. Além disso, a maioria das definições de entropia e dimensão é instável com relação ao ruído do sistema, o que torna a estimativa não praticável em sistemas ruidosos. No presente artigo faremos uma introdução ao formalismo usado no estudo dos sistemas caóticos, e trataremos de uma aplicação do método de entropia aproximada para caracterizar um sistema fisiológico de regulação da frequência dos batimentos cardíacos em algumas doenças que acometem o homem. Considerando-se o sistema de regulação da frequência cardíaca como um sistema dinâmico complexo, descrevemos uma análise estatística do fenômeno fisiológico da variabilidade da frequência cardíaca, a partir da premissa de um modelo matemático de caos determinístico, de baixa dimensionalidade, por meio do cálculo da entropia aproximada de uma série de intervalos de tempo entre os batimentos cardíacos.

O conceito de entropia surgiu como uma necessidade teórica de se estabelecer um conjunto de equações consistentes para a termodinâmica, apresentado por Rudolf Clausius em 1850. Esse conceito foi formalizado em termos microscópicos por Ludwig Boltzmann, que relacionou as probabilidades dos estados microscópicos à entropia, fazendo uso da função logarítmica A entropia termodinâmica representa a desordem microscópica do sistema. Esse conceito de entropia formalizado por Boltzmann foi posteriormente estendido à teoria da informação apresentada por Claude Shannon em 1948. Segundo a teoria da informação, há uma relação, também logarítmica, entre a probabilidade de ocorrência das partes de uma mensagem com a contribuição dessas partes na quantidade total de informação contida na mensagem. Assim, a entropia ou informação contida em uma mensagem pode ser descrita por:

$$S = \sum p \ln p \qquad (3.1)$$

Onde p denota a probabilidade de ocorrência das partes elementares de uma mensagem. Quando o sistema em questão é não linear, com características de um sistema caótico, a informação da mensagem emitida pelo sistema pode crescer, ou seja, a cada instante é necessário mais informação para identificar a mensagem. A chamada entropia de Kolmogorov--Sinai é uma medida da taxa de crescimento da informação do sistema.

Heuristicamente, a entropia de Kolmogorov-Sinai mede a probabilidade (logarítmica) de sequências que estão próximas, e assim permanecem, em comparações com sequências de tamanho incremental. Várias doenças que acometem o homem podem provocar padrões de resposta com comportamento mais regular, e menores valores de entropia, em comparação aos encontrados em indivíduos saudáveis.

2 Expoente de Lyapunov e Entropia de Kolmogorov--Sinai

O fenômeno caótico é ubíquo em sistemas dinâmicos existentes em uma grande variedade de sistemas fisiológicos, como os envolvidos nos controles de respiração, pressão arterial e frequência cardíaca. Um dos aspectos mais proeminentes nos fenômenos com comportamento caótico é a sensibilidade às condições iniciais. Esse comportamento, representado pela variável x, é caracterizado pelo expoente de Lyapounov (λ) definido, para o caso mais simples de um sistema dinâmico unidimensional pela equação:

$$\Delta x(t) \; \alpha \; \Delta x(0) e^{\lambda t} \; (\Delta x(0) \rightarrow 0, t \rightarrow \infty) \qquad (3.2)$$

Se $\lambda > 0$, o sistema é considerado como sendo sensível às condições iniciais; para $\lambda < 0$, o sistema é insensível à condição inicial; e, $\lambda = 0$, corresponde aos chamados casos marginais. Essa última condição engloba os casos de bifurcação, com duplicação de período, bem como bifurcações acumuladas e sucessivas, que correspondem a uma das possíveis rotas, que evoluem para o comportamento caótico observado em vários sistemas físicos e biológicos. Concentrando-nos ao caso genérico, $\lambda \neq 0$, é claro que, sempre que $\lambda > 0$, ocorre perda da informação pelo sistema, mais precisamente, sobre o seu valor real x(t) ao longo do tempo. Para caracterizar esta perda de informação, pode-se recorrer à chamada entropia de Kolmogorov-Sinai, que é basicamente o aumento, por unidade de tempo, da entropia de Shannon

$$S = \sum_{1}^{W} -p_i \ln p_i,$$

onde W é o número total de possíveis configurações e p_i suas probabilidades associadas (note que equiprobabilidade conduz a bem conhecida equação $S = \ln W$). Vamos usar no presente trabalho uma forma muito simples, que foi demonstrada por Hilborn (1994), e que considera a evolução de um conjunto de cópias idênticas do sistema a ser estudado. Considerando-se que a célula i corresponda a uma partição adequada do espaço de fase, então, p_i corresponde ao número relativo de pontos do grupo que estão na célula i. O tamanho das células é, então, caracterizado por uma escala linear. A entropia de Kolmogorov-Sinai pode ser expressa como:

$$K \equiv \lim_{\tau \to 0} \lim_{l \to 0} \lim_{N \to \infty} \frac{1}{N\tau}(S(0) - S(N)) \tag{3.3}$$

Onde, levamos em conta que a $S(0) = 0$. Consistentemente com a equação (3.1) temos:

$$W(N) = W(1)e^{\lambda N \tau} \tag{3.4}$$

que, quando substituído na equação (3.1), produz a conhecida igualdade de Pesin para dinâmica caótica de sistemas unidimensionais

$$K = \lambda \tag{3.5}$$

equação que relaciona a sensibilidade às condições iniciais com o ritmo de perda de informação.

Para se estimar a entropia KS é preciso garantir a convergência da entropia para os limites descritos na equação (3.3). Portanto, é necessário um grande número de pontos na série coletada, para testar as condições de convergência da entropia: condição nem sempre possível de ser obtida quando se estuda um sistema fisiológico, particularmente no homem. No entanto, se fizermos uma suposição razoável sobre a dimensão da dinâmica caótica da série, é possível fazer uma estimativa da taxa de perda de informação ou complexidade do sistema, por meio do cálculo da entropia aproximada, conforme recomendado por Pincus (1995).

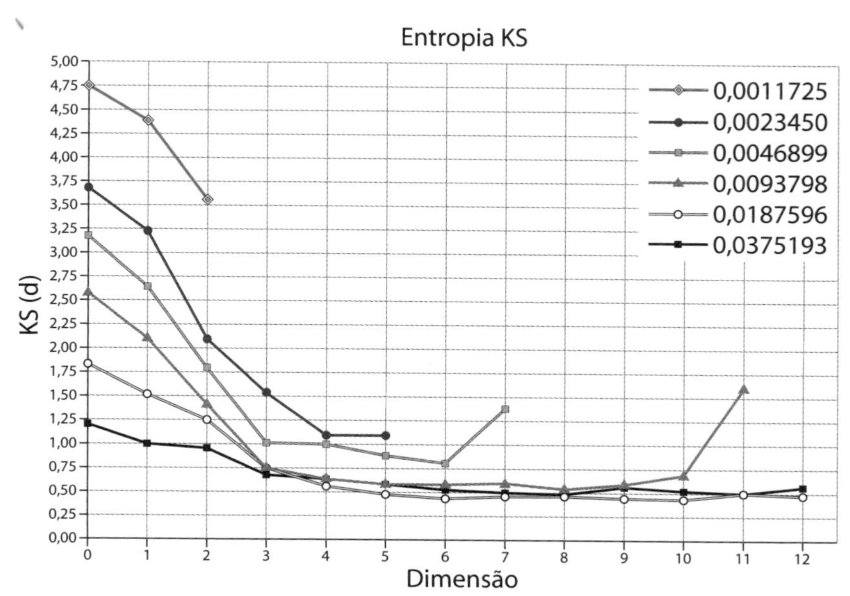

Figura 1. Gráfico que mostra a convergência da entropia KS de uma série de intervalos RR obtida em um indivíduo saudável, calculada para diferentes dimensões embutidas no eixo *x*, e diferentes tamanhos de caixa (apresentados nas diferentes curvas), o que indica que a entropia converge para dimensões pequenas (2 ou 3). Os tamanhos de caixas de contagem se iniciam em um desvio padrão da série, e decrescem exponencialmente, chegando a um ponto em que não é possível calcular a entropia para dimensões maiores em virtude do tamanho da série.

Pode-se observar no gráfico apresentado na Figura 1 a convergência da entropia KS para uma séria típica de intervalos RR em diferentes tamanhos de caixas. Este comportamento para a entropia KS fundamenta a utilização da família de entropias aproximadas para séries de intervalos RR, pois, acima de determinada dimensão, a entropia se mantém estável. Porém, ao reduzir a tolerância a ruído (caixas de contagem), o cálculo da entropia se inviabiliza para dimensões maiores. Como veremos na próxima seção, a entropia aproximada avalia apenas as dimensões pequenas.

3 Entropia aproximada

Estimativas de taxas de entropia nos dão uma ideia da complexidade dos sistemas. Sistemas com uma taxa de entropia baixa são sistemas com baixo nível de complexidade, ou alto nível de regularidade. Em contrapartida, uma medida alta de taxa de entropia significa que o sistema é altamente complexo, ou irregular. Por vezes, uma mudança em uma condição do sistema, pode levá-lo de um estado de alta complexidade, ou imprevisibilidade (um estado caótico) para um estado de baixa complexidade, mais previsível, ou regular (não caótico).

Pincus (1995) apresentou um método para a análise de séries temporais tipicamente curtas, de, no mínimo, 100 amostras, chamado de entropia aproximada, que tem como foco fornecer uma fórmula amplamente aplicável, válida estatisticamente, para que se possam distinguir conjuntos de dados por meio de uma medida de regularidade, ou seja, quantificar o conceito de mudança de complexidade.

O algoritmo para computar entropia aproximada ($ApEn$) foi publicado em diferentes trabalhos (RICHMAN, 2000; HO, 1997). Aqui, faremos um sumário breve dos cálculos, para uma série de tempo de medidas da taxa de batimentos do coração, $HR(i)$. Dado uma sequência S_N, de N medidas instantâneas, consistindo da taxa de batimentos do coração $HR(1)$, $HR(2)$, ..., $HR(N)$, escolhe-se valores para dois parâmetros de entrada, m e r, de modo a se computar a entropia aproximada, $ApEn(S_N, m, r)$ da sequência. O segundo destes parâmetros, m, especifica o comprimento do padrão de teste, e o terceiro, r, define a tolerância da estimativa de entropia a ruídos.

Dada uma série temporal $\{S_i\}$, calcula-se a entropia aproximada pelos seguintes passos. Note que a $ApEn$ pode ser calculada para uma janela $\{W_i\}$ em $\{S_i\}$. Se estivermos considerando a entropia de toda a série, então $\{W_i\} = \{S_i\}$.

Passo 1: truncar os valores dentro da janela $\{W_i\}$. Esse procedimento elimina artefatos, que possam estar presentes.

Passo 2: calcular o valor médio (μ) e desvio (sd) padrão para a janela $\{W_i\}$ e computar o valor de tolerância r igual $0.3 \times sd$ para reduzir o efeito do ruído.

Passo 3: construir o espaço de fase obtendo –se $\{W_i\}$ em função de $\{W_{i+\tau}\}$, onde τ é o lag temporal, num espaço $E = 2$.

Passo 4: calcular a distância euclidiana D_i entre cada par de pontos no espaço de fase; contar o número de pares $C_i(r)$ que tem distância $D_i < r$ para cada i.

Passo 5: calcular o logaritmo da contagem média para $C_i(r)$, então, log(média) é a entropia aproximada $ApEn(E)$ para a dimensão euclidiana $E = 2$.

Passo 6: repetir os passos 3 a 5 para $E = 3$.

Passo 7: a $ApEn$ para $\{W_i\}$ é calculada como $ApEn(2) - ApEn(3)$.

Para entender estes cálculos, denotamos uma sequência (ou *padrão*) de tamanho m, menor que o tamanho da série, de medidas de intervalos R-R dentro da série $\{S_i\}$. Duas sequências arbitrárias dentro de série são *similares* se as diferenças entre qualquer par de medidas correspondentes nas sequências (padrões) forem menores que o parâmetro de tolerância r.

Contando o número de padrões que são similares, a contagem média para $C_m(r)$, é a fração dos padrões de tamanho m que se assemelham ao padrão do mesmo comprimento dentro da série. Podemos calcular $C_m(r)$ para um dado tamanho de sequência (padrão) e para o tamanho incrementado de um. A entropia aproximada é, portanto, a diferença logarítmica das contagens médias para m e $m + 1$. Isso equivale ao logaritmo natural da prevalência relativa de padrões repetitivos de tamanho m, comparados com aqueles de comprimento $m + 1$.

Assim, se encontrarmos padrões similares, em uma série de tempo de intervalos RR, *ApEn* estima a probabilidade logarítmica com que os intervalos maiores, depois que cada um dos padrões, irão diferir (isto é, que a similaridade dos padrões é mera coincidência e falta previsibilidade). Os menores valores de *ApEn* implicam uma maior probabilidade com que os padrões das medidas estarão seguidos por padrões de medidas similares adicionais. Se a série de tempo for altamente irregular, a ocorrência de padrões similares não será provável para as medidas seguintes, condição em que a *ApEn* será relativamente grande.

Finalmente, deve-se enfatizar que as medidas de *ApEn* nos dão uma ideia da complexidade dos sistemas. Sistemas com uma baixa *ApEn* são sistemas com baixo grau de complexidade, ou alto nível de regularidade. Em contrapartida, uma medida alta de entropia significa que o sistema é altamente complexo, ou irregular. Ressalte-se, que uma mudança dos parâmetros e/ou condições iniciais de sistema pode levá-lo de um estado de alta complexidade, ou imprevisibilidade (um estado caótico), para um estado de baixa complexidade, mais previsível, ou regular (não caótico). Esse comportamento tem sido observado em sistemas físicos e biológicos não lineares e com retroalimentação (*feed-back*), como é o caso dos sistemas cardiovascular e nervoso, em situações fisiológicas (envelhecimento) e em condições patológicas.

4 Sistema Nervoso Autonômico e variabilidade da frequência cardíaca

A permanente influência reguladora exercida pelo sistema nervoso sobre o funcionamento dos diversos órgãos e sistemas, que integram o organismo, é essencial para que o mesmo tenha assegurado o seu equilíbrio fisiológico interno, e exerça adequadamente suas interações com o meio ambiente circundante.

O controle neuro-autonômico do sistema cardiovascular, em particular do coração, envolve um importante processo homeostático, que reflete a extraordinária capacidade de adaptação fisiológica que este deve operar, de momento a momento, com vistas ao atendimento das mais diversas necessidades metabólicas impostas ao organismo. Essa peculiar capacidade de adaptação do sistema cardiovascular depende de complexa interação entre os seus diferentes componentes e o sistema nervoso, e envolve um conjunto de vias e núcleos centrais e periféricos, com diferentes neurotransmissores. Essa regulação, automática e involuntária, é exercida no coração e nos vasos sanguíneos pelas vias eferentes do sistema nervoso autonômico, representadas por duas subdivisões anatomo-funcionais – o sistema nervoso simpático e o sistema nervoso parassimpático.

Na disfunção autonômica cardiovascular existe um distúrbio funcional ou orgânico localizado em uma ou mais estruturas – vias aferentes, centros encefálicos e vias eferentes simpáticas e/ou parassimpáticas – que controlam a resposta do sistema cardiovascular.

5 Modelos não Lineares aplicados à variabilidade da frequência cardíaca

Vários métodos e modelos têm sido usados na tentativa de se caracterizar a dinâmica do mecanismo de controle de frequência cardíaca. Durante curtos períodos de tempo, e sob condições estacionárias, há modelos bem-sucedidos da regulação da frequência cardíaca e de pressão arterial (GUYTON, 1996), mas, a caracterização de um comportamento em longo prazo e não estacionário é um desafio ao pesquisador. Alguns modelos foram introduzidos para explicar flutuações no longo prazo, mas, normalmente eles somente podem descrever experiências ou processos bem controlados, ou dependem de um grande número de parâmetros que dificilmente são determinados, a partir de dados experimentais (MASON, 1968). Além disso, esses modelos somente podem predizer características estatísticas globais como propriedades de escalonamento de espectro de potencias e correlações (NATHELSON, 1985), o que nos fornece muito pouca informação sobre os detalhes da evolução no tempo.

Em coletas de duração superiores a cinco minutos, as características das séries de tempo, correspondentes à frequência cardíaca, permitem a medida de vários tipos de entropias (HENRICH, 1982). Porém, alguns desses métodos estatísticos caracterizam a complexidade da dinâmica que está por traz das séries temporais (BANNISTER, 1990), ou está relacionado diretamente às suas características fractais ou caóticas. A análise matemática de muitos ritmos fisiológicos, incluindo flutuações de frequência cardíaca a longo termo, revela que eles são gerados por processos que devem ser não lineares, uma vez que sistemas lineares não podem produzir um comportamento tão complexo (MALIK,1998). Modelos não lineares puramente determinísticos podem exibir dinâmica caótica, de modo a gerar oscilações aparentemente imprevisíveis. Contudo, na prática não tem sido possível extrair tal modelo de dados reais experimentais, por causa da existência de significativos componentes aleatórios (ruídos). Também é possível que sistemas subjacentes aos sistemas em questão sejam estocásticos; por exemplo, a evolução temporal do sistema pode estar sujeita a uma fonte de ruído ou outro processo estocástico.

As séries temporais dos intervalos RR do eletrocardiograma (IRR), objeto de pesquisa neste estudo, foram analisadas segundo modelagem de sistemas lineares e não lineares. O modelo linear utilizado foi o da estimativa de densidade espectral de potência. Esse modelo supõe que o sistema seja composto por um conjunto de oscilações harmônicas simples. Por outro lado, o modelo não linear nos remete à teoria dos sistemas caóticos. Entretanto, como a análise linear (nos domínios do tempo e da frequência) não mostrou diferenças estatisticamente significativas entre os grupos estudados, neste capítulo vamos nos ater somente ao estudo dos IRR, usando a abordagem não linear.

Ressalte-se que uma análise mais cautelosa revela que o sistema cardiovascular possui um significativo componente não linear, demandando uma modelagem de sistemas não lineares. Nesta abordagem, o sistema cardiovascular revela um comportamento caótico (WILLIANS,1997) que pode ser observado nos padrões de intervalos RR. Para análise de tais sistemas caóticos existem várias ferramentas como o expoente de Lyapunov, entropia de Kolmogorov-Sinai, entropia aproximada, dentre outras.

Objetivo

O objetivo do presente artigo é o estudo da variabilidade da frequência cardíaca em condições fisiológicas, correspondentes às posições supina e vertical passiva em repouso, usando métodos não lineares (entropia aproximada) em indivíduos saudáveis e em pacientes com hipertensão arterial primária e doença de Chagas.

Dados dos indivíduos estudados

Foram estudados homens, sendo 13 indivíduos saudáveis (grupo controle), 23 pacientes chagásicos e 27 pacientes com hipertensão arterial primária. Os grupos foram pareados quanto à idade, e o valor médio ± desvio padrão agrupado foi de 38,3 ± 8,5 anos.

Os pacientes chagásicos se encontravam na fase indeterminada da doença ou eram cardiopatas com graus pequenos ou moderados de comprometimento miocárdico (ritmo sinusal, somente com alterações eletrocardiográficas, mas, com valores normais das dimensões cardíacas e fração de ejeção do ventrículo esquerdo quantificados pelo Doppler-ecocardiograma, e sem passado de insuficiência cardíaca congestiva). Os pacientes com hipertensão arterial primária não apresentavam comprometimento de órgãos alvos (rins, sistema nervoso central), com exceção daqueles extensivos ao sistema cardiovascular (pequeno grau de hipertrofia ventricular esquerda, sem dilatação ou com pequeno aumento da câmara cardíaca esquerda, e com fração de ejeção do ventrículo esquerdo normal pelo Doppler-ecocardiograma, e também, sem passado de insuficiência cardíaca congestiva).

Métodos utilizados

Todos os indivíduos permaneceram em repouso na posição supina por 15 minutos, para que seu organismo se equilibrasse e se acostumasse com as condições de temperatura e umidade da sala de experimento.

Após esse período, as variáveis fisiológicas foram coletadas por 15 minutos nas condições acima referidas. O teste de inclinação passiva foi realizado em mesa especial, de modo que os indivíduos estudados se mantivessem sentados em selim na posição de 70° ("head-up tilt"), durante 15 minutos, a partir da posição supina.

Foram feitos registros do ECG continuamente, tanto no repouso, como durante o teste e no período de recuperação. Uma placa analógico-digital (amostragem de 5.000 Hz) possibilitou a amostragem do sinal que foi enviado a um computador digital; um software apropriado permitiu a identificação do pico das ondas QRS do ECG e o armazenamento dos respectivos intervalos RR. Para a análise da variabilidade da frequência cardíaca foram incluídos os dados na posição supina (controle) e na posição vertical, após a execução da manobra postural passiva, desprezando-se os 3 minutos iniciais desta, para excluir os transientes de variação da frequência cardíaca.

Os dados de frequência cardíaca nas posições supina e vertical foram submetidos a uma inspeção visual da distribuição dos IR-R (ms) para seleção dos trechos sequenciais (512 valores) de maior estabilidade e estacionaridade desta variável.

Resultados

Nas condições controle (posição supina), os valores de entropia aproximada dos três grupos estudados não foram estatisticamente diferentes.

As Figuras 2, 3 e 4 mostram os valores da entropia aproximada nas posições supina e vertical, pós-manobra postural, em cada um dos três grupos estudados.

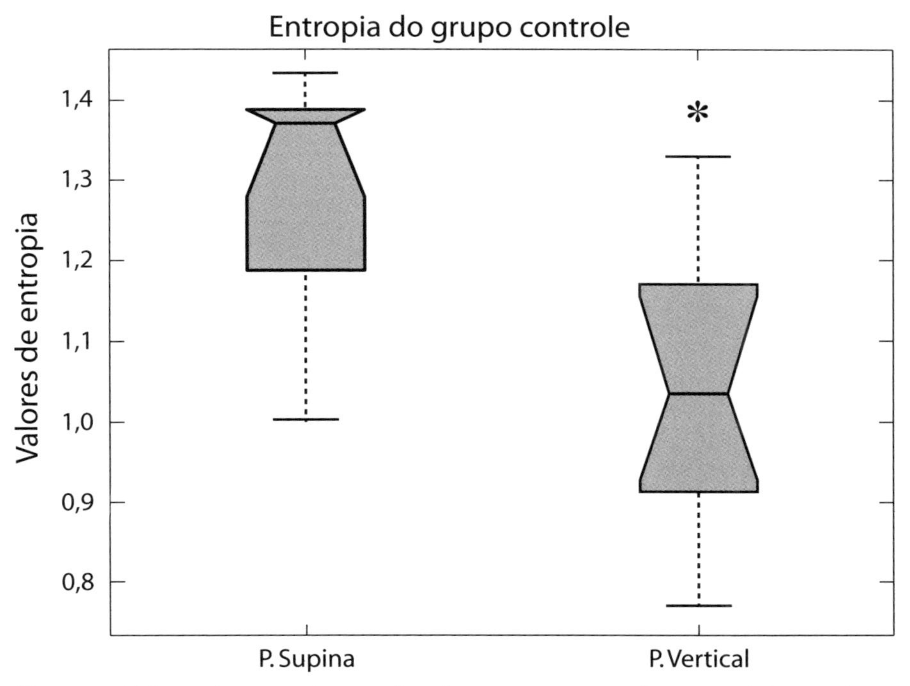

Figura 2. Valores da entropia aproximada no grupo controle nas posições supina e vertical. *$p < 0,05$ (estatisticamente significativo)

No grupo controle a entropia foi menor na posição vertical, e documentou-se uma diferença estatisticamente significativa ($p < 0,05$) entre as posições supina e vertical, pós-manobra postural.

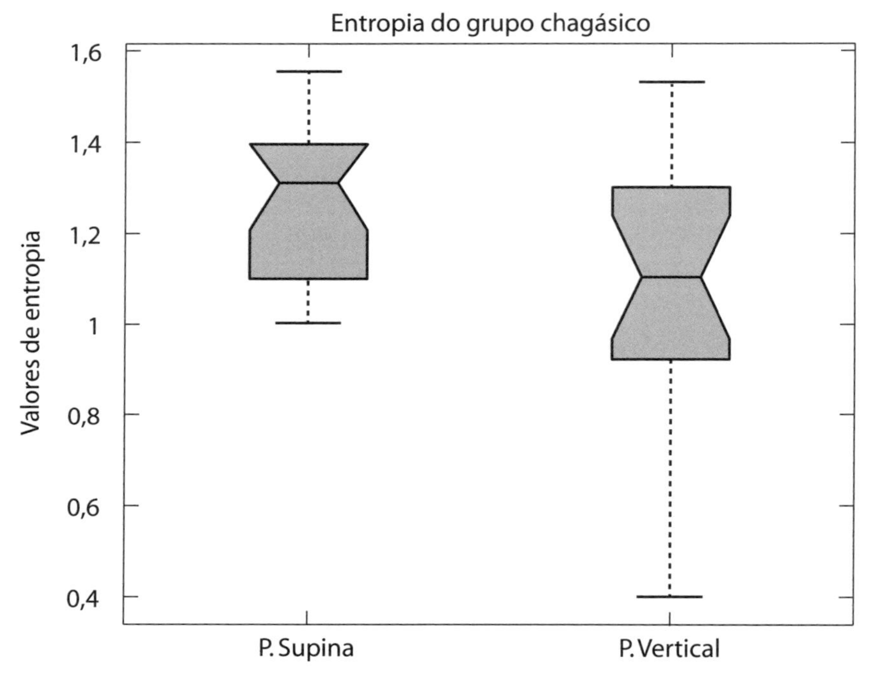

Figura 3. Valores de entropia aproximada no grupo de pacientes chagásicos nas posições supina e vertical.

No grupo chagásico não se documentou diferença estatisticamente significativa da entropia entre as posições supina e vertical, pós-manobra postural.

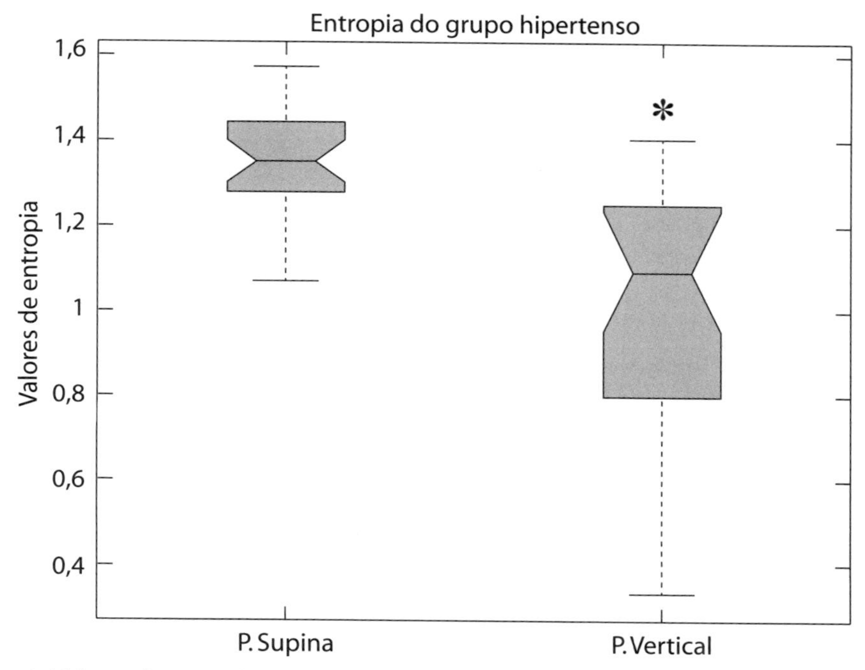

Figura 4. Valores da entropia aproximada no grupo de pacientes hipertensos nas posições supina e vertical. *p < 0,05 (estatisticamente significativo)

No grupo hipertenso a entropia foi menor na posição vertical, e documentou-se uma diferença estatisticamente significativa ($p < 0{,}05$) entre as posições supina e vertical, pós-manobra postural.

Discussão

A hipertensão arterial primária é uma doença de causa desconhecida. Fatores genéticos, ambientais e comportamentais contribuem no sentido de causar elevação progressiva da pressão arterial sistêmica. Vários tipos de distúrbios neuro-hormonais têm sido documentados nessa doença, mas, eles não são uniformes, e se modificam no decurso da evolução natural da doença. Assim, nos estágios iniciais dessa doença, alguns estudos documentam a ocorrência de grandes oscilações dos valores de pressão – trata-se de uma síndrome hipercinética, com taquicardia e aumento do débito cardíaco nas condições de repouso. Essa síndrome, chamada de hipertensão limítrofe ou lábil, foi atribuída à disfunção autonômica, caracterizada por diminuição do tônus vagal e/ou aumento do tônus simpático sobre o coração (EICH et al., 1966; JULIUS et al., 1971).

Nos últimas décadas, surgiu uma nova onda de interesse a respeito do controle autonômico do sistema cardiovascular na hipertensão arterial primária. Ela decorreu do uso de métodos não invasivos aplicados ao estudo do sistema cardiovascular, advindos do progresso tecnológico, que envolveu o uso de computadores digitais. Isso possibilitou um grande aumento do interesse no estudo da variabilidade da frequência cardíaca e da pressão arterial, de batimento a batimento, em animais de laboratório e no homem (AKSELROD et al., 1981; MANCIA et al., 1983; PAGANI et al., 1986; TASK FORCE, 1996). A maioria dos estudos tem encontrado na hipertensão arterial primária diminuição da variabilidade da frequência cardíaca no domínio do tempo (GUZZETTI et al., 1988; MUSSALO, H. et al., 2001; SCHROEDER et al., 2003), e predomínio da modulação simpática sobre a parassimpática no nódulo sinusal (MANCIA et al., 1983; GUZZETTI et al., 1988; RADAELLI et al., 1994).

No presente estudo não se documentou, na amostra de hipertensos estudada, qualquer anormalidade da variabilidade da frequência cardíaca, usando-se o método da entropia aproximada, nas posições supina e vertical, pós-manobra postural. Esses achados foram concordantes com os obtidos usando-se a análise linear convencional, nos domínios do tempo e frequência, também realizada no mesmo grupo de pacientes hipertensos. Eles reforçam a concepção de que a referida doença não seja realmente uma entidade nosológica uniforme, e apresente diferentes padrões de modulação autonômica vagal e simpática, conforme a combinação de fatores genéticos e ambientais, bem como gravidade e fase evolutiva da doença.

Quanto à doença de Chagas, estudos anatomo-patológicos e funcionais comprovam que ocorre lesão dos gânglios e nervos eferentes do sistema nervoso autonômico no homem. (KÖBERLE et al., 1968; AMORIM et al., 1968; MANÇO et al., 1969; GALLO et al. ,1975; MARIN et al., 1980, GUZZETTI et al., 1991; EMDIN et al., 1992; VILLAR et al., 2004). Entretanto, na forma indeterminada e incipiente da cardiopatia, esse comprometimento pode ocorrer em maior ou menor grau.

No grupo de pacientes chagásicos incluídos no presente estudo, quando a variabilidade da frequência cardíaca foi analisada pelos métodos lineares nos domínios do tempo e da frequência, não se documentou anormalidades dos valores, na posição supina e posição vertical, pós manobra postural. Entretanto, a análise não linear, conduzida por meio da medida da entropia aproximada, foi capaz de identificar uma anormalidade no controle autonômico, ou seja, a manobra postural não modificou significativamente o valor da entropia, quando os pacientes passaram da posição supina para a posição vertical. Em contrapartida, nos grupos controle e hipertenso, ocorreu diminuição do valor da entropia. No conjunto, os achados nos mostram que a entropia aproximada foi mais sensível do que os métodos lineares clássicos para detectar distúrbios incipientes da modulação autonômica do nódulo sinusal, como a que ocorreu no grupo de pacientes chagásicos, com as formas indeterminada e cardíaca incipiente dessa doença.

Limitações do estudo

O número de indivíduos incluídos no presente estudo é pequeno, o que dificulta generalizações dos achados para outros grupos de pacientes estudados, sobretudo, porque doenças como a hipertensão arterial primária e a doença de Chagas apresentam mecanismos fisiopatológicos distintos, cujas magnitudes podem variar conforme a fase da doença e a existência de fatores genéticos e ambientais. Por outro lado, a entropia aproximada quantifica o grau de complexidade do sinal analisado, no caso em particular, a variabilidade da frequência cardíaca, mas não permite quantificar contribuições de cada um dos componentes individuais do sistema nervoso autonômico atuantes sobre o nódulo sinusal, ou seja, do simpático e do parassimpático.

6 Conclusões

Os resultados obtidos pela análise não linear foram semelhantes aos encontrados usando-se a análise linear nos grupos controle e hipertenso Entretanto, no grupo de pacientes chagásicos estudado, documentou-se que a análise não linear, usando-se a entropia aproximada, foi mais sensível para identificar diferenças entre a variabilidade da frequência cardíaca, quando são comparadas as posições supina e vertical, pós-mudança postural.

Esses achados nos incentivam a continuar a aplicar a entropia aproximada no estudo da variabilidade da frequência cardíaca em doenças que comprometam o sistema nervoso autonômico do coração. Por outro lado, pretendemos, em futuros projetos, comparar sua utilidade com a de outros tipos de entropia, como a entropia amostral e a multiescalonada, que têm sido usadas no estudo dos sistemas biológicos, como métodos alternativos à entropia KS, quando se dispõe de um menor número de pontos nas séries de tempo.

Referências bibliográficas

AKSELROD, Set al. Power spectrum analysis of heart rate fluctuation: a quantitative probe of beat to beat cardiovascular control. *Science*, v. 213, p. 20-222, 1981.

AMORIM, D. S.; GODOY, R. A.; MANÇO, J. C.; TANAKA, A.; GALLO Jr., L. Effects of acute elevation in blood pressure and of atropine on heart rate in Chagas' disease: a preliminary report. *Circulation*, v. 38, p. 289-294, 1968.

BANNISTER, S.R. The diagnosis and treatment of autonomic failure. *Journal of Autonomic Nervous System*, v. 30, p. 519-524, 1990.

EICH, R. H. et al. Hemodynamics in labile hypertension: a follow-up study. *Circulation*, v. 34, p. 299-307, 1966.

EMDIN, M.; MARIN NETO, J.; CARPEGGIANI, C.; MACIEL, B. C.; MACERATA, A.; PINTYA, A. O.; MICHELASSI, C.; GALLO Jr., L.; POLA, S.; MARCHESI, C.; L'ABBATE, A. Heart rate variability and cardiac denervation in Chagas' disease. *J. Ambul. Monit.*, v. 5, p. 251-257, 1992.

GALLO JR., L.; MARIN-NETO, J. A.; MANCO, J. C.; RASSI, A.; AMORIM, D. S. Abnormal heart rate responses during exercise in patients with Chagas' disease. *Cardiology*, v. 60, p. 147-162, 1975.

GUYTON, A. C., HALL J. E. *Textbook of medical physiology*. Elsevier, 1996.

GUZZETTI, S. et al. Sympathetic predominance in essential hypertension: a study employing spectral analysis of heart rate variability. *J. Hypert.*, v. 6, p. 711-717, 1988.

GUZZETTI, S. et al. Impaired heart rate variability in patiens with chronic Chagas' disease. *Amer. Heart. J.*, v. 121, p. 1727-1734, 1991.

HENRICH W. L. Autonomic insufficiency. *Arch. Inter. Med.*, v. 142 1 , n.2, p. 339-344, 1982.

HILBON R. C. *Chaos and Nonlinear Dynamics* - An Introduction for Scientists and Engineers. New York: Oxford University Press, 1994.

HO K. K. et al. Predicting survival in heart failure case and control subjects by use of fully automated methods for deriving nonlinear and conventional indices of heart rate dynamics. *Circulation*, v. 5;96, n. 3, p. 842-848, 1997.

JULIUS, S.; PASCUAL, A. V.; LONDON, R. Role of parasympathetic inhibition in the hyperkinetic type of borderline hypertension. *Circulation*, v. 44, p. 413-418, 1971.

KÖBERLE, F. Chagas' heart disease, pathology. *Cardiology*, v. 52, p. 82-90, 1968.

MALIK, M. *Clinical guide to cardiac autonomic test*. Kluwer Academic Publisher. 1998.

MANCIA, Get al. Blood pressure and heart rate variability in normotensive and hypertensive human beings. *Circ. Res.*, v. 53, p. 96-04, 1983.

MANÇO, J. C.; GALLO Jr. L.; GODOY, R. A.; FERNANDES, R. G.; AMORIM, D. S. Degeneration of cardiac nerves in Chagas' disease: further studies. *Circulation*, v. 40, p. 879 – 885, 1969.

MARIN-NETO, J. A.; GALLO Jr., L.; MANÇO, J. C.; RASSI, A.; AMORIM, D. S. Mechanisms of tachycardia on standing: studies in normal individuals and chronic Chagas' patients. *Cardiovasc. Res.*, v. 14, p. 541-550, 1980.

MASON J. W. A review of psychoendocrine research on the sympathetic-adrenal medullary system. *Psychosom. Med.*, v. 30, n. 5, p.631-53, 1968.

MUSSALO, Het al. Heart rate variability and its determinants in patients with severe or mild essential hypertension. *Clin. Physiol.*, v. 21, p. 594-604, 2001.

NATHELSON, B. H. Neurocardiology-a Interdisciplinary área for the 80s. *Arch. Neurol.*, v. 42, n. 2, p.178-184,1985.

PAGANI, M. et al. Power spectral analysis of heart rate and arterial variabilities as a marker of sympathovagal interaction in man and conscious dog. *Cir. Res.*, v. 59, p. 178-193, 1986.

PINCUS, S. M. Approximate entropy (*ApEn*) as a complexity measure. *Chaos.*, v. 5, p. 110-117, 1995.

RADAELLI, A. et al. Cardiovascular autonomic modulation in essential hypertension. Effect of tilt. *Hypertension*, v. 24, p. 556-563, 1994.

RICHMAN J. S.; MOORMAN J. R. Physiological time-series analysis using approximate entropy and sample entropy. *Am J Physiol Heart Circ Physiol.*, v. 278, n. 6, p.H2039-49, 2000.

SCHROEDER, E. B. et al. Hypertension, blood pressure, and heart rate variability. The atherosclerosis risk in communities. (ARIC) study. *Hypertension*, v. 42, p. 1106-1111, 2003.

TASK FORCE OF EUROPEAN SOCIETY OF CARDIOLOGY AND THE NORTH AMERICAN SOCIETY OF PACING AND ELETROPHYSIOLOGY. Heart rate variability: Standards of measurement, physiological interpretation, and clinical use. *Circulation*, v. 93, p. 1043-1065, 1996.

VILLAR, J. C.; LÉON, H.; MORILLO, C. A. Cardiovascular autonomic function testing in asymptomatic T. Cruzi carriers: a sensitive method to identify subclinical Chagas' disease. *Internat. J. Cardiol.*, v. 93, p. 189-195, 2004.

WALLACE, J. M. Hemodinamic lesions in hypertension. Am. J. Cardiol., v. 36, p. 670, 1975.

WILLIAMS, G. P. *Chaos theory tamed*. Taylor & Francis, 1997.

Capítulo 5

UMA PERSPECTIVA BAYESIANA PARA A ESTIMAÇÃO DE PROBABILIDADES DE TRANSIÇÃO DE "ESTADOS" EM DOENÇAS INFECCIOSAS, CONSIDERANDO PERDAS DE SEGUIMENTO

EDSON ZANGIACOMI MARTINEZ
DAVI CASALE ARAGON
JORGE ALBERTO ACHCAR
ANTONIO RUFFINO-NETTO

1 Introdução

Em estudos longitudinais nos quais é importante estimar as probabilidades de transição de um "estado" do processo saúde/doença para outro, é comum a ocorrência de indivíduos perdidos de seguimento. Nessa situação, o estado de saúde desses indivíduos ao final do seguimento poderá ser desconhecido, e a estimação de medidas epidemiológicas pelos métodos convencionais poderá ser inviabilizada. As causas frequentes de perdas de seguimento são o óbito do paciente, mudança de diagnóstico, transferência do paciente e sua não disponibilidade ou recusa em continuar no estudo.

Discutiremos aqui como o uso de métodos bayesianos utilizando algoritmos Monte Carlo em cadeias de Markov (amostradores de Gibbs, ver CASELLA; GEORGE, 1992) contribui para a estimação de probabilidades de transição de "estados" em doenças infecciosas, considerando que o estudo é sujeito a perdas de seguimento. Para isso, exemplificaremos o uso do modelo estatístico proposto em dois contextos. No primeiro, mostra-se como o modelo é utilizado na estimação do risco de infecção por malária (MARTINEZ et al., 2011). No segundo, uma restrição no modelo é imposta, tornando-o útil na estimação do risco de infecção tuberculosa (MARTINEZ et al., 2008).

Na metodologia bayesiana, estabelece-se que o processo de inferência não é baseado somente no universo físico descrito pelos dados (verossimilhança), mas também no conhecimento prévio do pesquisador sobre o objeto investigado (PENA, 2006). Este conhecimento prévio traz a subjetividade do investigador, cuja razão é agora integrante do processo. Quando esta subjetividade é expressa por uma função de probabilidades, é denominada distribuição *a priori* do objeto investigado. O teorema de Bayes estabelece que inferências racionais sejam obtidas da chamada distribuição *a posteriori* do objeto, que é proporcional ao produto entre a distribuição *a priori* (subjetiva) e a função de verossimilhança (universo físico). Nota-se que a metodologia bayesiana de pesquisa não estabelece, como primeiro passo, a observação, mas a especificação do que já se sabe acerca do objeto em investigação. No entanto, como esse conhecimento *a priori* é dependente da intuição e da experiência do observador, os resultados obtidos da distribuição *a posteriori* não são dependentes apenas dos dados observados, como ocorre no método frequentista.

2 Formulação do modelo

Considere uma população homogênea de tamanho n, onde $n_{1\bullet}$ e $n_{0\bullet}$ são, respectivamente, os números de indivíduos positivos e negativos para a doença em um tempo basal, sendo $n_{1\bullet} + n_{0\bullet} = n$. Seja X_0 uma variável aleatória relativa ao estado da doença no tempo basal, tal que $X_0 = 1$ denota um estado positivo (infectados) e $X_0 = 0$ um estado negativo (não infectados). Assim, $\alpha = P(X_0 = 1)$ é a probabilidade de infecção no tempo basal. Analogamente, X_1 é uma variável aleatória associada ao estado da doença no tempo subsequente, tal que $X_1 = 1$ denota um estado positivo e $X_1 = 0$ um estado negativo. Seja $P(X_1 = 1|X_0 = 0) = \theta_1$ a probabilidade de um indivíduo, livre da doença no tempo basal, tornar-se infectado no momento subsequente, e $P(X_1 = 1|X_0 = 1) = \theta_2$ a probabilidade de um indivíduo estar infectado em ambos instantes. As seguintes pressuposições são admitidas:

- Toda a população é exposta ao risco da doença.
- Uma dada transição não é afetada por transições passadas.
- O período de tempo $(0, t]$ é suficientemente pequeno para evitar que ocorram, nele, duas ou mais transições de um estado ao outro.

Denotaremos por n_{ij} o número de indivíduos presentes ao final do estudo, onde $X_0 = i$ e $X_1 = j$, i e $j \in \{0,1\}$. E ainda, denotaremos por n_{12} e n_{02} os totais de indivíduos perdidos de seguimento, infectados e não infectados, ao início do estudo, respectivamente. Notar que $n_{11} + n_{10} + n_{12} = n_{1\bullet}$ e $n_{01} + n_{00} + n_{02} = n_{0\bullet}$.

Tabela 1. Probabilidades associadas às combinações entre as variáveis S, X_0 e X_1. As quantidades entre colchetes são desconhecidas, em virtude das perdas de seguimento.

S	X_0	X_1	Número de indivíduos	Probabilidade
0	1	1	n_{11}	$(1 - \lambda_2)\ \theta_2\ \alpha$
0	1	0	n_{10}	$(1 - \lambda_1)\ (1 - \theta_2)\alpha$
0	0	1	n_{01}	$(1 - \lambda_2)\ \theta_1\ (1 - \alpha)$
0	0	0	n_{00}	$(1 - \lambda_1)\ (1 - \theta_1)\ (1 - \alpha)$
1	1	1	$[a]$	$\lambda_2\ \theta_2\ \alpha$
1	1	0	$n_{12} - [a]$	$\lambda_1\ (1 - \theta_2)\alpha$
1	0	1	$[b]$	$\lambda_2\ \theta_1\ (1 - \alpha)$
1	0	0	$n_{02} - [b]$	$\lambda_1\ (1 - \theta_1)\ (1 - \alpha)$

Seja S uma variável aleatória, tal que $P(S = 0)$ é a probabilidade de um indivíduo estar presente ao final do estudo e $P(S = 1)$ é a probabilidade de perda de seguimento. Assim, denotamos as probabilidades condicionais $\lambda_1 = P(S = 1 \mid X_1 = 0)$ e $\lambda_2 = P(S = 1 \mid X_1 = 1)$. A Tabela 1 apresenta as probabilidades associadas às combinações entre as variáveis S, X_0 e X_1, onde a e b são quantidades desconhecidas. Temos, por exemplo, que $P(S = 0, X_0 = 1, X_1 = 1) = P(S = 0 \mid X_1 = 1)\ P(X_1 = 1 \mid X_0 = 1)\ P(X_0 = 1) = (1 - \lambda_1)\ \theta_2\ \alpha$. As demais probabilidades apresentadas na Tabela 1 são encontradas de maneira similar. Na Tabela 1, a e b são quantidades desconhecidas. Para evitar confusão entre quantidades conhecidas e desconhecidas, sejam $Y_1 = a$ e $Y_2 = b$. As variáveis Y_1 e Y_2 referem-se aos números de indivíduos infectados ao final do estudo, mas perdidos de seguimento, com resultados, respectivamente, positivos e negativos no início do estudo. Estas variáveis, na terminologia introduzida por Tanner e Wong (1987), são chamadas de variáveis latentes, dado que é possível simulá-las com base em suas distribuições de probabilidade. De acordo com o teorema de Bayes, as distribuições condicionais de Y_1 e Y_2 são dadas por:

$$Y_1 \mid n_{12}, \boldsymbol{\beta} \sim \text{Binomial}\left(n_{12}, \frac{\lambda_2\theta_2}{\lambda_2\theta_2 + \lambda_1(1-\theta_2)}\right) \text{ e}$$

$$Y_2 \mid n_{02}, \boldsymbol{\beta} \sim \text{Binomial}\left(n_{02}, \frac{\lambda_2\theta_1}{\lambda_2\theta_1 + \lambda_1(1-\theta_1)}\right),$$

respectivamente, sendo $\boldsymbol{\beta} = (\alpha, \theta_1, \theta_2, \lambda_1, \lambda_2)'$ o vetor de parâmetros (desconhecidos). A função de verossimilhança para $\boldsymbol{\beta}$ é dada por

$$L(\boldsymbol{\beta}) = g(Y_1, Y_2)\alpha^{n_{1\bullet}}(1-\alpha)^{n_{0\bullet}}\theta_1^{n_{01}+Y_2}(1-\theta_1)^{n_{00}+n_{02}-Y_2}\theta_2^{n_{11}+Y_1}(1-\theta_2)^{n_{10}+n_{12}-Y_1}$$
$$\times \lambda_1^{n_{12}+n_{02}-(Y_1+Y_2)}(1-\lambda_1)^{n_{10}+n_{00}}\lambda_2^{Y_1+Y_2}(1-\lambda_2)^{n_{11}+n_{01}},$$

sendo $g(Y_1, Y_2)$ uma função das variáveis Y_1 e Y_2. Na análise bayesiana, assumimos as seguintes densidades *a priori* para α, θ_1 e θ_2: $\alpha \sim Beta(e_\alpha, f_\alpha)$, $\theta_1 \sim Beta(e_{\theta 1}, f_{\theta 1})$ e $\theta_2 \sim Beta(e_{\theta 2}, f_{\theta 2})$, onde $e_\alpha, f_\alpha, e_{\theta 1}, f_{\theta 1}, e_{\theta 2}$ e $f_{\theta 2}$ são hiperparâmetros conhecidos e $Beta(e,f)$, genericamente, denota uma distribuição Beta com função de densidade dada por:

$$\pi(\alpha) \propto x^{e-1}(1-x)^{f-1},\ 0 < x < 1.$$

Vamos considerar $\phi_1 = P(S = 1 \mid X_0 = 0)$ e $\phi_2 = P(S = 1 \mid X_0 = 1)$. Observamos que

$$\max(\lambda_1, \lambda_2) \geq \max(\phi_1, \phi_2) \geq \min(\phi_1, \phi_2) \geq \min(\lambda_1, \lambda_2).$$

Assumiremos ainda as seguintes distribuições *a priori* para λ_1 e λ_2: $\lambda_1 \sim U(0; \max(\phi_1, \phi_2))$ e $\lambda_2 \sim U(\min(\phi_1, \phi_2); 1)$, onde U denota uma distribuição uniforme contínua. Vamos considerar ϕ_1 e ϕ_2 diretamente obtidas dos dados amostrais. Considerando $\boldsymbol{D} = (n_{11}, n_{10}, n_{01}, n_{00}, n_{12}, n_{02})'$ o vetor de quantidades observáveis e, combinando a função de verossimilhança $L(\boldsymbol{\beta})$ com as densidades *a priori*, as distribuições condicionais para o algoritmo de amostradores de Gibbs (SMITH; ROBERTS, 1993) são dadas por $Y_1|n_{12}, \boldsymbol{\beta}$, $Y_2|n_{02}, \boldsymbol{\beta}$,

$$\alpha \mid \boldsymbol{D}, e_\alpha, f_\alpha \sim Beta(n_{1\bullet} + e_\alpha, n_{0\bullet} + f_\alpha)$$

$$\theta_1 \mid \boldsymbol{D}, Y_2, e_{\theta 1}, f_{\theta 1} \sim Beta(n_{01} + Y_2 + e_{\theta 1}, n_{00} + n_{02} - Y_2 + f_{\theta 1}),$$

$$\theta_2 \mid \boldsymbol{D}, Y_1, e_{\theta 2}, f_{\theta 2} \sim Beta(n_{11} + Y_1 + e_{\theta 2}, n_{10} + n_{12} - Y_1 + f_{\theta 2}),$$

$$\lambda_1 \mid \boldsymbol{D}, Y_1, Y_2, \phi_1, \phi_2 \propto \lambda_1^{n_{12}+n_{02}-(Y_1+Y_2)}(1-\lambda_1)^{n_{10}+n_{00}} I_{(0;\, \max(\phi_1,\phi_2))}(\lambda_1) \text{ e}$$

$$\lambda_2 \mid \boldsymbol{D}, Y_1, Y_2, \phi_1, \phi_2 \propto \lambda_2^{(Y_1+Y_2)}(1-\lambda_2)^{n_{10}+n_{01}} I_{(\min(\phi_1,\phi_2);1)}(\lambda_2).$$

Aqui, $I_{(r;s)}(\lambda)$ é uma função indicadora que retorna 1 se λ pertence ao intervalo $(r; s)$ e 0 caso contrário (considerando $r < s$).

O algoritmo computacional envolve os seguintes passos:

Passo 1: São escolhidos arbitrariamente valores para θ_1, θ_2, λ_1 e λ_2;

Passo 2: A partir dos valores gerados no passo 1, são gerados valores para Y_1 e Y_2, de acordo com as expressões apresentadas para $Y_1|n_{12},\beta$ e $Y_2|n_{02},\beta$;

Passo 3: De acordo com os valores de Y_1 e Y_2, obtidos no passo anterior, são gerados novos valores para θ_1, θ_2, λ_1 e λ_2, por meio de suas distribuições condicionais *a posteriori*;

Passo 4: Novamente, são gerados valores para Y_1 e Y_2, a partir dos valores de θ_1, θ_2, λ_1 e λ_2, obtidos no passo anterior;

Passo 5: Os passos 3 e 4 são repetidos até que se observem cadeias convergentes para cada um dos parâmetros de interesse.

Notar que a distribuição condicional *a posteriori* para α não depende das variáveis latentes Y_1 e Y_2 ou dos demais parâmetros, sendo um estimador bayesiano para α dado, simplesmente, pela média da distribuição $Beta(n_{1\bullet} + e_\alpha, n_{0\bullet} + f_\alpha)$, ou seja, $(n_{1\bullet} + e_\alpha)/ (n + e_\alpha + f_\alpha)$.

3 Exemplo 1: modelagem do risco de infecção por malária

A malária é uma doença infecciosa causada por parasitas (protozoários do gênero *Plasmodium*) e a transmissão envolve um hospedeiro que é o mosquito do gênero *Anopheles*. Verma et al. (1983) conduziram um estudo longitudinal, de base domiciliar, em duas vilas de Uttar Pradesh, Índia, considerando uma diferença de, aproximadamente, 30 dias entre os dois rastreamentos para a malária. Foram observadas as contagens $n_{11} = 11$, $n_{10} = 11$, $n_{01} = 9$, $n_{00} = 470$, $n_{12} = 25$ e $n_{02} = 749$. Consideraremos, para o modelo bayesiano, distribuições *a priori* vagas para α, θ_1 e θ_2, com hiperparâmetros 0,5 e 0,5 (ver motivação em BOX; TIAO, 1992). Considerando ϕ_1 e ϕ_2 dados por 25/47 = 0,53 e 0,61, respectivamente, temos as distribuições a priori para λ_1 e λ_2 dadas por $\lambda_1 \sim U(0;0{,}61)$ e $\lambda_2 \sim U(0{,}53;1)$, respectivamente (ver MARTINEZ et al., 2011). Utilizando o programa computacional WinBUGS (ver http://www.mrc-bsu.cam.ac.uk/bugs/), foram simuladas 500 mil amostras de Gibbs para cada parâmetro de interesse. As primeiras 5 mil amostras foram descartadas (*burn-in samples*) para que as cadeias não sofressem algum efeito dos valores iniciais arbitrariamente determinados. Para as inferências, selecionamos valores em saltos de tamanho 10 para a obtenção de observações independentes. A convergência foi verificada por gráficos e procedimentos usuais (COWLES; CARLIN, 1996). A Figura 1 mostra os gráficos das densidades *a posteriori* gerados pelo programa WinBUGS, para os parâmetros de interesse α, λ_1, λ_2, θ_1 e θ_2.

Na Tabela 2 são apresentadas as estimativas bayesianas para os parâmetros, baseadas nas médias das distribuições ilustradas na Figura 1. Os limites inferiores e superiores dos intervalos de credibilidade 95% são dados, respectivamente, pelos percentis 2,5% e 97,5% dessas distribuições. A probabilidade (θ_1) de um indivíduo não infectado por malária no tempo basal tornar-se infectado ao final do estudo é estimada em 2,2%, e a probabilidade θ_2 de um indivíduo, infectado no início do estudo, permanecer nesse estado, é estimada em 50,9%.

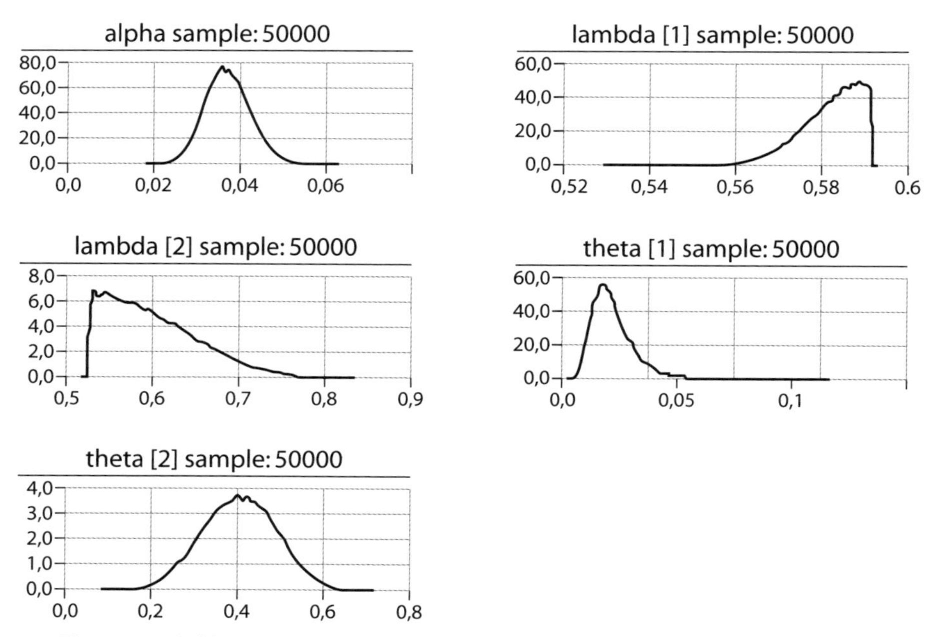

Figura 1. Gráficos das densidades a posteriori dos parâmetros de interesse α, λ_1, λ_2, θ_1 e θ_2, respectivamente, gerados pelo programa WinBUGS, para os dados do Exemplo 1.

Tabela 2. Resumos *a posteriori* para os parâmetros de interesse, considerando os dados introduzidos por Verma et al. (1983).

Parâmetro	Média	Intervalo de credibilidade 95%	
α	0,0372	0,0274	0,0485
λ_1	0,5974	0,5757	0,6094
λ_2	0,6234	0,5355	0,7730
θ_1	0,0220	0,0094	0,0435
θ_2	0,5089	0,3067	0,7071

4 Exemplo 2: modelagem para o cálculo do risco de infecção tuberculosa

A tuberculose é uma doença causada pelo Bacilo de Koch (*Mycobacterium tuberculosis*), e as principais causas para a gravidade da sua situação epidemiológica atual no mundo são: desigualdade social, advento da Aids, envelhecimento da população e grandes movimentos migratórios (WORLD HEALTH ORGANIZATION, 1998).

Motivados por Ruffino-Netto (1976), admitiremos dois pressupostos ao utilizar a metodologia aqui descrita para a modelagem do risco ($\boldsymbol{\theta}_1$) de infecção tuberculosa, considerando perdas de seguimento. O primeiro tem por base o conhecimento de que a reversão tuberculínica é um fato cuja ocorrência, além de pouco frequente, envolve alguns anos após o organismo, previamente infectado, conseguir esterilizar o bacilo de Koch nele existente. O segundo considera que a infecção primária (sem complicações) não constitui, por si só, um fator que aumente a mortalidade e/ou leve ao maior "desaparecimento" das pessoas durante um estudo longitudinal. Assim, assumindo a não ocorrência da reversão tuberculínica dentro do seguimento, temos $P(X_0 = 1, X_1 = 0, S = 0) = P(X_0 = 1, X_1 = 0, S = 1) = 0$. Na formulação do modelo, isso implica $\boldsymbol{\theta}_2 = 1$ e $n_{10} = 0$ (ver MARTINEZ et al., 2008).

Considerando os dados introduzidos por Ruffino-Netto (1976), temos que a prova tuberculínica foi realizada em n = 1.100 indivíduos, sendo $n_{0\bullet}$ = 1.000 não reatores à prova e $n_{1\bullet}$ = 100 reatores. Digamos que, em um dado intervalo de tempo, n_{00} = 880 indivíduos são não reatores (ou seja, continuem virgens de infecção e não perdidos de seguimento), n_{01} = 10 apresentam conversão tuberculínica e n_{02} = 110 são perdidos de seguimento. Sabemos ainda que, dentre os 100 reatores iniciais, n_{11} = 90 permanecem reatores e n_{12} = 10 são perdidos de seguimento.

Como no exemplo anterior, consideramos, para o modelo bayesiano, distribuições *a priori* vagas para α, θ_1 e θ_2, com hiperparâmetros 0,5 e 0,5, e simulamos 500 mil amostras de Gibbs para cada parâmetro de interesse. Novamente, as primeiras 5 mil amostras foram descartadas e, para as inferências, selecionamos valores em saltos de tamanhos 10. As estimativas bayesianas para os parâmetros são mostradas na Tabela 3. O risco (θ_1) de infecção tuberculosa, considerando perdas de seguimento, é dado por 1,22%. Essas estimativas pontuais são bastante semelhantes àquelas obtidas por Ruffino-Netto (1976) utilizando um modelo determinístico, mas o modelo bayesiano tem a vantagem de trazer os intervalos de credibilidade como medidas da variabilidade amostral dos parâmetros estimados (MARTINEZ et al., 2008).

Tabela 3. Resumos *a posteriori* para os parâmetros de interesse, considerando os dados introduzidos por Ruffino-Netto (1976).

Parâmetro	Média	Intervalo de credibilidade 95%	
α	0,0913	0,0749	0,1091
λ_1	0,1024	0,0889	0,1097
λ_2	0,1294	0,1012	0,1863
θ_1	0,0122	0,0059	0,0206

5 Conclusões

Ao "matematizar" uma situação epidemiológica, o modelo bayesiano aqui apresentado é eficiente em "desvelar as possíveis estruturas matemáticas contidas na situação", "desentranhando estruturas", conforme a explicação de Lima Filho (2008) para o significado de um modelo matemático.

Para Ruffino-Netto (1976), um modelo matemático é uma representação simbólica da vida real, devendo ser o mais simplificado possível para ser tratado de forma lógica. Ainda que o modelo bayesiano necessite de um algoritmo Monte Carlo para a simulação das distribuições *a posteriori* dos parâmetros de interesse, procedimento este portador de alguma complexidade matemática, a proposta aqui apresentada não é desprovida de parcimônia, quanto à sua formulação. Sua aplicação é facilitada pelo programa WinBugs, que não requer amplos conhecimentos de programação para a implementação do modelo.

Em conclusão, o modelo bayesiano é uma alternativa eficiente na estimação do risco de infecção para doenças, sendo especialmente útil em estudos longitudinais quando a adesão ao seguimento não é total pelos indivíduos envolvidos no estudo. Visto que o método bayesiano permite a incorporação do conhecimento prévio de especialistas, há ainda a possibilidade de se obter estimativas de risco mais precisas, especificando distribuições informativas *a priori* para os parâmetros de interesse.

Referências bibliográficas

BOX G. E. P.; TIAO G. C. *Bayesian inference in statistical analysis*. New York: Wiley-Interscience, 1992.

CASELLA, G.; GEORGE, E. I. Explaining the Gibbs sampler. *The American Statistician*, v. 46, n. 3, p. 167-174, 1992.

COWLES, M. K.; CARLIN, B. P. Markov Chain Monte Carlo convergence diagnostics: a comparative review. *Journal of the American Statistical Association*, v. 91, n. 434, p. 883-904. 1996.

LIMA FILHO, E. C. *Modelos matemáticos nas ciências não exatas*. In: NOGUEIRA, E. A.; MARTINS, L. E. B.; BRENZIKOFER, R. (orgs.). *Modelos matemáticos nas ciências não-exatas*: um volume em homenagem a Euclydes Custódio de Lima Filho. São Paulo: Blucher, 2008.

MARTINEZ, E. Z.; RUFFINO-NETTO, A.; ACHCAR, J. A.; ARAGON, D. C. Modelagem Bayesiana do risco de infecção tuberculosa para estudos com perdas de seguimento. *Revista de Saúde Pública*, v. 42, n. 6, p. 999-1004, 2008.

MARTINEZ, E. Z.; ARAGON, D. C.; ACHCAR, J. A. A Bayesian model for estimating the malaria transition probabilities considering individuals lost to follow-up. *Journal of Applied Statistics*, v. 38, p. 1303-1309, 2011.

PENA, S. D. Thomas Bayes: o 'cara'! *Revista Ciência Hoje*, v. 38, n. 228, p. 22-29, 2006.

RUFFINO-NETTO, A. Cálculo do risco de infecção tuberculosa levando em consideração pessoas perdidas de seguimento. *Revista da Divisão Nacional de Tuberculose*, v. 20, n. 80, p. 383-390, 1976.

SMITH, A. F. M.; ROBERTS, G. Bayesian computation via the Gibbs sampler and related Markov chain Monte Carlo methods (with discussion). *Journal of the Royal Statistical Society B*, v. 55, p. 3-23, 1993.

TANNER, M. A.; WONG, W. H. The calculation of posterior distributions by data augmentation. *Journal of the American Statistical Association*, v. 82, n. 398, p. 528-540, 1987.

VERMA, B. L.; RAY, S. K.; SRIVASTAVA, R. N. A stochastic model of malaria transition rates from longitudinal data: considering the risk of "lost to follow-up". *Journal of Epidemiology and Community Health*, v. 37, n. 2, p. 153-156, 1983.

WORLD HEALTH ORGANIZATION. Global Tuberculosis Control. *WHO Report (WHO/TB/ 98.237)*. Geneva: World Health Organization, 1998.

Capítulo 6

ANÁLISE COMPUTACIONAL DE FIBRAS ELÁSTICAS EM AORTAS HUMANAS

GISLAINE VIEIRA-DAMIANI
DANIELA PEIXOTO FERRO
RANDALL LUIS ADAM
CARLOS LENZ CESAR
KONRADIN METZE

1 Introdução

O uso de ferramentas matemáticas na análise de imagens histológicas traz vantagens importantes para a Anatomia Patológica. Tradicionalmente, a análise da textura microscópica é realizada por especialistas treinados e, portanto, é subjetiva. Isso explica as discordâncias diagnósticas entre os especialistas em todos os campos da histopatologia ou citopatologia (CHRISTOPHER; HOTZ, 2004).

A análise de imagem computorizada pode ser usada com a vantagem de estimar pequenas mudanças na morfologia celular que não são óbvias ao olho humano ou são difíceis de incluir numa descrição qualitativa. Há estruturas vistas na microscopia óptica e eletrônica que não podem ser classificadas pelo uso de variáveis básicas como comprimento, área e circunferência. Nesse caso precisamos usar a análise de características texturais (ADAM, 2002).

Poucos trabalhos na literatura têm discutido a estrutura das fibras elásticas da aorta por meio da análise automática e a literatura carece de trabalhos que analisem dados além do número de fibras e da distâncias entre elas, tais como a disposição e a homogeneidade desses tecidos.

Fibras elásticas são componentes essenciais da aorta. O seu remodelamento acontece em diversas doenças (VIEIRA, 2009). Essas fibras elásticas podem ser fracamente coradas com eosina, porém visualizadas na microscopia de fluorescência com mais clareza (CARVALHO e TABOGA, 1996).

Para caracterização de processos patológicos na aorta é necessário obter informações detalhadas e topograficamente precisas das alterações da estrutura local. Portanto criamos um sistema de análise automática para fibras elásticas que fornece dados relacionados à topografia. Para tanto, estudamos dois grupos de pacientes, um de portadores de hipertensão arterial sistêmica (HAS) e outro de normotensos.

Foram analisados os prontuários médicos e os relatórios de autópsia de todos os pacientes. No grupo de normotensos, incluímos somente pacientes sem aterosclerose macroscópica na aorta ascendente próxima à pulmonar, sem medicação anti-hipertensiva, com peso do coração normal em relação ao peso corporal (0,4% do peso do corpo, sendo permitida uma tolerância de 10%), e com histologia renal sem alterações indicativas de hipertensão. Nenhum paciente desse grupo era portador de diabetes. No grupo de hipertensos foram incluídos somente pacientes sem aterosclerose na aorta ascendente, mas com uso de medicamento anti-hipertensivo ou diagnóstico de hipertensão arterial sistêmica (HAS). Os blocos utilizados pertenciam ao blocário do departamento de Anatomia Patológica. Cortes histológicos com 15 µm de espessura foram corados com hematoxilina-eosina. O estudo foi aprovado pelo Comitê de Ética (No 549/2007)

As imagens foram adquiridas com o microscópio invertido Olympus. A espessura da aorta varia entre dois e três milímetros. As imagens adquiridas no microscópio, que possuem 220 µm × 220 µm, foram justapostas, formando assim uma imagem única, que representa toda a espessura da aorta (Figura 1). Para análise desta imagem, utilizou-se o software "gliding box". Essa ferramenta contém uma caixa deslizadora que percorre toda a imagem, pixel a pixel, plotando os resultados da análise de textura em um gráfico.

As imagens foram convertidas em escalas de cinza, extraindo-se a luminância de cada pixel (0 ausência de luz e 255: maior brilho). As características da entropia e homogeneidade local foram calculadas de acordo com Haralick et al. (1973). Para análise da distância entre duas fibras elásticas, utilizamos o programa *Layer*, que foi desenvolvido no próprio laboratório (detalhes em VIEIRA, 2009) (Figura 2).

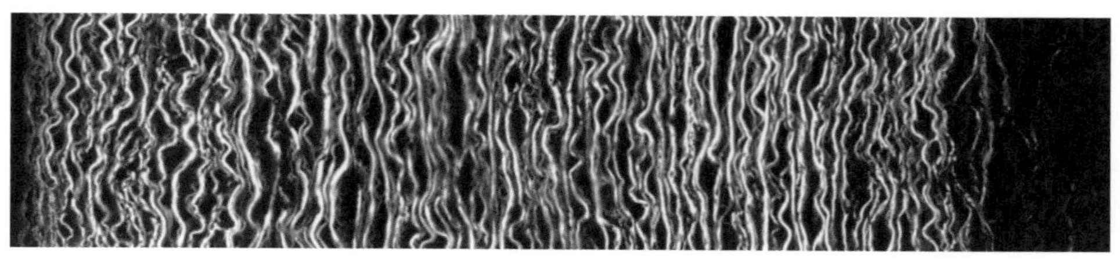

Figura 1. Imagem completa da espessura da aorta.

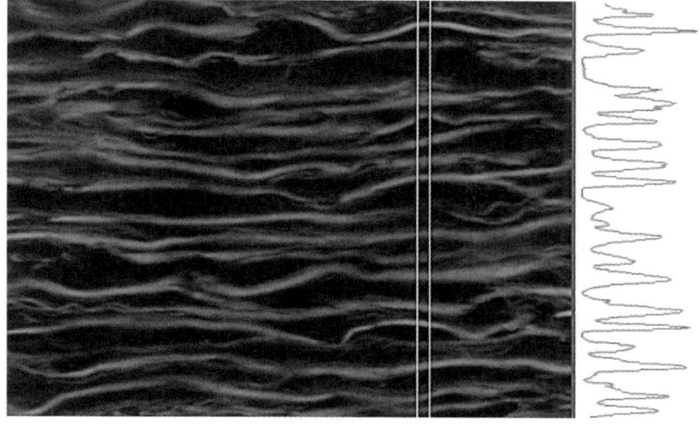

Figura 2. Perfil da luminância: a análise da distância entre duas fibras é feita na transição entre dois picos.

A correlação de Pearson foi calculada comparando variáveis de textura e idade. As variáveis da textura foram comparadas entre os dois grupos com o auxílio do teste *t* Student (Programa Winstat 3.1).

2 Resultados

No presente trabalho utilizamos aortas de 54 autópsias, sendo que: 24 quatro eram de pacientes normotensos, e 30 de hipertensos. A análise estatística revelou que o número de camadas fluorescentes aumenta com a idade em pacientes hipertensos, porém esse fato não foi constatado em pacientes normotensos.

Registramos, em cada aorta dos pacientes normotensos, os 100 pontos cuja entropia mostrou a maior distância da entropia média. Plotamos esses pontos em um gráfico, que revelou um acúmulo de alterações na região topográfica, que representa entre 25 e 30% a partir da íntima (Figura 3).

As distâncias entre as fibras fluorescentes foram significativamente maiores em pacientes hipertensos (teste t, $p = 0{,}021$) do que em pacientes normotensos. O desvio padrão dos números das camadas (fibras) fluorescentes em pacientes hipertensos aumentou com a idade ($R = 0{,}53$; $p = 0{,}003$).

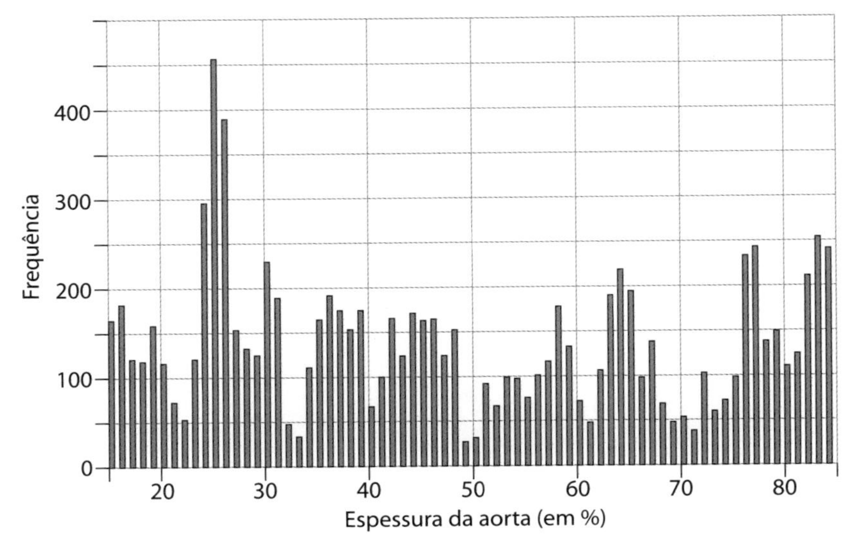

Figura 3. Áreas de maior distúrbio arquitetural (a partir do maior desvio da entropia) em pacientes normotensos. A abscissa representa a espessura da aorta. X = 0: íntima; X = 100: adventícia.

O desvio padrão da homogeneidade local em pacientes normotensos também aumentou com a idade ($R = 0{,}43$; $p = 0{,}049$).

3 Discussão

A quantificação das alterações morfológicas pode ser feita por análise pelo observador humano ou pelo computador (CIA et al.,1999; IRAZUSTA et al., 1998;METZE et al.,1999;LORAND-METZE et al.,1998;OLIVEIRA et al.,2001; MELLO et al., 2008; ADAM et al., 2008; HERREROS et al., 2007; AUADA et al., 2006; ROCHA et al., 2006; ROCHA et al., 2008; ADAM et al., 2006; KAYSER et al., 2007, PRADO 2008). No entanto, a análise computacional tem a vantagem de permitir a visualização de estruturas que passam despercebidas ou não são detectadas pelo olho humano (METZE ET al, 1999), além disso, ela independe da subjetividade humana (ADAM, 2002).

Novas tecnologias para a aquisição de imagens disponíveis hoje facilitam o uso de análise quantitativa de tecidos. (KAYSER et al., 2006; GO-

ERTLER, 2006). A utilização da microscopia a laser foi um grande avanço para pesquisa biomédica. A resolução necessária para observar processos mecânicos e bioquímicos em nível celular requer ferramentas fotônicas (THOMAZ, 2007). Dentro desse novo contexto, a entropia foi aplicada com sucesso na análise de imagens de diferentes tecidos tanto para o diagnóstico diferencial como para o prognóstico (KAYSER et al., 2007). Diversos trabalhos foram realizados aplicando a entropia no diagnóstico diferencial morfológico. Adam et al. (2004), utilizaram a entropia da matriz de coocorrência de Haralick para diferenciar queloides e cicatrizes hipertróficas. Komitowski et al. (1993) observando aglomerados de cromatina condensada em carcinomas do útero como fator prognóstico desfavorável, postulam que a entropia, como medida para a desorganização do genoma celular durante a neoplasia, possa ser um fator prognóstico.

Nas aortas dos pacientes normotensos, houve um aumento do desvio padrão (correspondendo à variação topográfica) das fibras fluorescentes. Mas isto não aconteceu com com o número médio destas fibras. Gallagher (2007), descreveu alterações progressivas durante toda a vida da estrutura normal dos vasos. Esse fato sugere, perdas e ganhos simultâneos locais. Sans e Moragas (1993) descreveram que, em pacientes normotensos, ocorre uma pequena fragmentação de fibras elásticas.

Observamos discretos distúrbios da arquitetura da aorta, no grupo dos normotensos, na transição do terço interior para o terço médio. O suprimento da aorta com oxigênio ocorre de duas formas: por difusão de oxigênio, a partir do lúmen da aorta, e por irrigação sanguínea, via vasos vasorum, a partir da adventícia nos dois terços externos. Angouras et al. (2000), em trabalho realizado com aortas de suínos, relataram que a camada média nesse local de transição , é a primeira a sofrer privação de irrigação em situações de alterações do fluxo sanguíneo. Portanto os autores sugeriram que essas áreas pudessem ser as mais propensas a sofrer alterações arquiteturais, o que pode explicar as alterações observadas no nosso estudo. Em pacientes hipertensos, descrevemos um aumento da distância entre as fibras elásticas. Esse dado também foi encontrado em um trabalho realizado por Sans e Moragas (1993) e estes autores consideraram esse fato como responsável pelo aumento da circunferência da aorta em hipertensos. Sugerimos que o aumento das distâncias das fibras elásticas em pacientes hipertensos possa ser relacionado com a hipertrofia da musculatura lisa e um aumento da substância fundamental.

O presente método, a aquisição de imagens por microscopia a laser, reconstrução das imagens por meio do *Cell Sociology*, a análise da imagem total (mosaico) utilizando *gliding Box* para cálculo de entropia e homogeneidade local e a análise das distâncias entre fibras pelo programa

Layer, é um conjuto de ferramentas para a análise objetiva da textura de fibras elásticas da aorta em situações fisiológicas ou patológicas.

Referências bibliográficas

ADAM, R. L.; SILVA, R. C.; PEREIRA, F. G.; LEITE, N. J.; LORAND-METZE, I.; METZE, K. The fractal dimension of nuclear chromatin as a prognostic factor in acute precursor B lymphoblastic leukemia. *Cell Oncol.*, v. 28, p. 55-9, 2006.

ADAM, R. L. *Análise espectral usando a Transformada de Fourier Discreta para o estudo de núcleos celulares:* elaboração de programa e aplicação no desenvolvimento do coração. Dissertação, (Mestrado) – Universidade Estadual de Campinas, Campinas, 2002.

ADAM, R. L.; CORSINI, T. C. G; SILVA, P. V.; CINTRA, M. L.; LEITE, N. J.; METZE, K. Fractal dimensions applied to thick contour detection and residues – Comparison of keloids and hypertrophic scars. *Cytometry A*, v. 59A, p. 63-4, 2004.

ADAM, R. L.; LEITE, N. J.; METZE, K. Image Preprocessing Improves Fourier-Based Texture Analysis of Nuclear Chromatin. *Anal. Quant. Cytol. Histol.*, v. 30, p. 175-84, 2008.

ANGOURAS, D. et al. Effect of impaired vasa vasorum flow on the structure and mechanics of the thoracic aorta: implications for the pathogenesis of aortic dissection. *European Journal of Cardio-Thoracic Surgery*, v. 17, p. 468-73, 2000.

AUADA, M. P.; ADAM, R. L.; LEITE, N. J.; PUZZI, M. B.; CINTRA, M. L.; RIZZO, W. B. et al. Texture analysis of the epidermis based on fast Fourier transformation in Sjögren-Larsson syndrome. *Anal. Quant. Cytol. Histol.*, v. 28, p. 219-27, 2006.

CARVALHO, H. F.; TABOGA, S. R. Fluorescence and confocal laser scanning microscopy imaging of elastic fiber in hematoxylin- eosin stained sections. *Histochem. Cell. Biol.*, v. 106, p. 587-92, 1996.

CHRISTOPHER, M. M; HOTZ, C. S. Cytologic diagnosis: expression of probability by clinical pathologists. *Vet. Clin. Pathology*, v.33, p. 84-95, 2004.

CIA, E. M. M.; TREVISAN, M.; METZE, K. Argyrophilic nucleolar organizer region (AgNOR) technique: a helpful tool for differential diagnosis in urinary cytology. *Cytopathology*, v. 10, p. 30-9, 1999.

GALLAGHER, P. J. *Blood Vessels*. Histology for pathologists. Cap. 332. Ed Philadelphia, 2007.

GOERTLER, J. et al. Grid technology in tissue-based diagnosis: fundamentals and potential developments. *Diagn. Pathol.*, v. 1, p. 23, 2006.

HARALICK, R. M.; SHANMUGAN, K.; DINSTEIN, I. Texture features for image classification. IEEE Transactions on Systems. *Man and Cybernetics*, v. 3, p. 610-21,1973.

HERREROS, F. O. et al. Remodeling of the human dermis after application of salicylate silanol. *Arch. Dermatol. Res.*, v. 299, p.4 1-5, 2007.

IRAZUSTA, S. P.; VASSALO, J.; MAGNA, L. A.; METZE, K.; TREVISAN, M. The value of PCNA and AgNOR staining in endoscopic biopsies of gastric mucosa. *Pathology Research and Practice*, v. 194, p. 33-9, 1998.

KAYSER K.; SZYMAS, J.; WEINSTEIN, R. S. *Telepathology and telemedicine*. Berlin: VSV Interdisciplinary Medical Publishing, 2006.

KAYSER, K.; KAYSER, G.; METZE, K. The concept of structural entropy in tissue--based diagnosis. *Anal. Quant. Cytol. Histol.*, v. 29, p. 296-308, 2007.

KOMITOWSKI, D. D.; HART, M. M.; JANSON, C. P. Chromatin organization and breast cancer prognosis: Two-dimensional and three-dimensional image analysis. *Cancer*, v. 72, p. 1239-46, 1993.

LORAND-METZE, I.; CARVALHO, M. A.; METZE, K. Relationship between morphometric analysis of nucleolar organizer regions and cell proliferation in acute leukemias. *Cytometry*, v. 32, p. 51-6, 1998.

MELLO, M. R. B.; METZE, K.; ADAM, R. L.; PEREIRA, F. G.; MAGALHÃES, M. G.; MACHADO, C. G. et al. Phenotypic Subtypes of Acute Lymphoblastic Leukemia Associated with Different Nuclear Chromatin Texture. *Anal. Quant. Cytol. Histol.*, v. 30, p. 92-8, 2008.

METZE, K.; CHIARI, A. C.; ANDRADE, F. L.; LORAND-METZE, I. Changes in AgNOR configurations during the evolution and treatment of chronic lymphocytic leukemia. *Hemato Cell. Ther.*, v. 41, p. 205-10, 1999.

OLIVEIRA, G. B.; PEREIRA, F. G.; METZE, K.; LORAND-METZE, I. Spontaneous apoptosis in chronic lymphocytic leukemia and its relationship to clinical and cell kinetic parameters. *Cytometry*, v. 46, p. 329-35, 2001.

PRADO, G. L. P. *Estudo da textura nuclear em ratos Wistar intoxicados por chumbo*. 2008. Dissertação (Mestrado) – Universidade Estadual de Campinas, Campinas, 2008.

ROCHA, L. B.; ADAM, R. L.; LEITE, N. J;. METZE, K.; ROSSI, M. A. Shannon's entropy and fractal dimension provide an objective account of bone tissue organization during calvarial bone regeneration. *Microsc. Res. Tech.*, v. 71, p. 619-25, 2008.

ROCHA, L. B.; ADAM, R. L.; LEITE, N. J;. METZE, K.; ROSSI, M. A. Biomineralization of polyanionic collagen-elastin matrices during cavarial bone repair. *J. Biomed. Mater. Res.* A, v. 79, p. 237-45, 2006.

SANS, M.; MORAGAS, A. Mathematical Morphological Analysis of the Aortic Medial structure. *Anal. Quant. Cyt. Histol.*, v. 15, n. 2, p. 93-100, 1993.

THOMAZ, A. A. et al. Optical tweezers and multiphoton miroscopies integrated photonic toll for mechanical and biochemical cell process studies. *Proceedings of the SPIE*, v. 6644, p. 66440H, 2007.

VIEIRA, G. *Análise da Arquitetura da Aorta de Pacientes Hipertensos e Normotensos*. Dissertação (Mestrado) – Universidade Estadual de Campinas, Campinas, 2009.

Capítulo 7

ANÁLISE CORONÁRIA QUANTITATIVA – DESENVOLVIMENTO DE UMA FERRAMENTA COMPUTACIONAL

EDUARDO ARANTES NOGUEIRA
JOSÉ ROBERTO MAIELLO
PEDRO MIKAHIL NETO

1 Introdução

A doença coronária aterosclerótica tem um longo período de latência que é geralmente assintomático, mas que resulta em obstruções significativas e/ou complicações trombóticas (LIBBY; THEROUX, 2005). Para o patologista, o espessamento intimal, mesmo na ausência de estenose luminal (GLAGOV et al., 1987), ou somente na presença de estrias gordurosas (STRONG et al., 1999; STARY et al., 1994)são evidências suficientes de aterosclerose; para o clínico e para as agências de saúde pública aterosclerose é definida por presença de angina, síndrome coronária aguda, infarto agudo do miocárdio, cirurgia de revascularização coronária ou morte (ALLENDER et al., 2008; LLOYD-JONES et al., 2009).

2 Análise coronária quantitativa

Desde 1959, a avaliação da doença coronária aterosclerótica é feita pela angiografia coronária. A angiografia é uma técnica cinefluorográfica com injeção de contraste radiográfico iodado para visualização da luz vascular. Inicialmente, a técnica de avaliação era subjetiva, e tinha pouca precisão e exatidão (ZIR, 1983; ZIR et al., 1976); GOLDBERG, et al., 1990; HERMILLER, et al., 1992). Por isso, inicialmente, desenvolveram-se métodos para análise (SANDOR, et al., 1987; SANDOR; ALS; PAULIN, 1979)e métodos mais elaborados (REIBER; SERRUYS, 1991; REIBER et al., 1984). Com o advento das técnicas computacionais, surgiram métodos quantitativos para determinar as obstruções do lúmem das artérias coronárias, reveladas pela técnica de angiografia (REIBER et al., 1997; REIBER et al., 1985). Hoje, já estão disponíveis programas comerciais, mas encerram dois problemas: (1) seu preço, muito alto e (2) serem sistemas fechados, sem a possibilidade de modificações.

Neste texto, descrevemos o desenvolvimento de uma ferramenta computacional para análise coronária quantitativa (ACQ), pela necessidade de recursos computacionais não disponíveis nos sistema comerciais que são necessários para investigar a relação entre a proliferação neointimal e a lesão inicial em portadores de stent coronário (MAIELLO, 2004).

A ACQ tem três objetivos: (1) a digitalização das arteriografias coronárias, (2) a determinação dos contornos e (3) um sistema para mensuração dos comprimentos e diâmetros. Basicamente, as angiografias foram projetadas e amplificadas de cinco a sete vezes para a obtenção dos contornos coronarianos (ou silhuetas coronarianas) a partir de três grupos básicos de imagens:

1. imagens angiográficas anteriores à dilatação;
2. imagens da colocação do stent;
3. reestudo.

Considerando-se a arteriografia coronária como uma projeção de um corpo cilíndrico tridimensional no espaço bidimensional, desenvolveu-se um programa baseado em scripts no ambiente Mathematica (Wolfram Research, versão 4.1) para determinar a função diâmetro correspondente a 50 seções de cada segmento coronariano em estudo. Basicamente, os elementos essenciais são dois contornos da projeção bidimensional e uma linha central de referência, obtida a partir de segmentos considerados normais, precedendo e sucedendo o segmento lesionado (GREENSPAN, 2001; REIBER et al., 1984; TOMMASINI; RUBARTELLI; PIAGGIO, 1999). Como, em segmentos longos, há uma significativa diferença desses diâmetros, face ao estreitamento natural da artéria; costuma-se determinar os dois contornos hipotéticos do que seria o vaso são(REIBER; SERRUYS, 1991). Esses elementos estão presentes nos principais programas de quantificação coronária que já foram publicados e que estão comercialmente disponíveis.

Para esta análise quantitativa foi desenvolvido o seguinte algoritmo:

1. criação de contornos hipotéticos por interpolação polinomial das extremidades normais dos dois contornos originais;
2. criação de uma linha central aos novos contornos de referência;
3. subdivisão da linha central em 49 segmentos com comprimento de arco iguais, delimitados por 50 pontos;
4. criação de segmentos ortogonais, a cada um dos 50 pontos, para determinação dos diâmetros de referência dos contornos interpolados e dos respectivos contornos originais.

Os dois contornos do segmento arterial coronário foram digitalizados e transformados analiticamente em duas funções splines, já que as irregularidades de seus contornos são difíceis de modelar com polinômios simples $S(xs)$ e $S(xi)$:

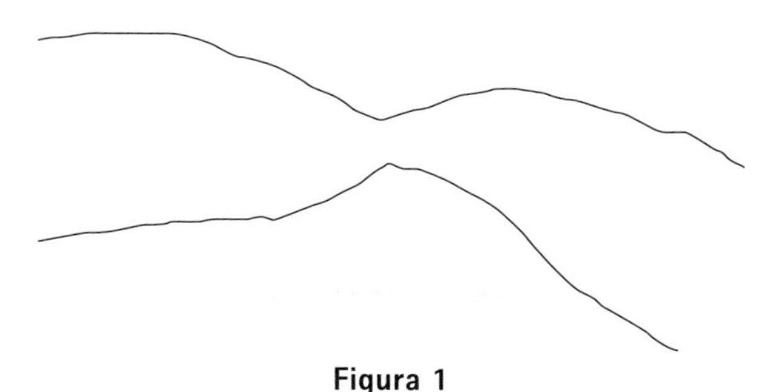

Figura 1

As extremidades proximais e distais das silhuetas, correspondentes a regiões aparentemente sem lesão, foram conectadas por interpolação polinomial, recriando-se o que seria o segmento arterial normal do paciente antes do desenvolvimento da doença. Criam-se então dois polinômios $f(x)$ e $g(x)$:

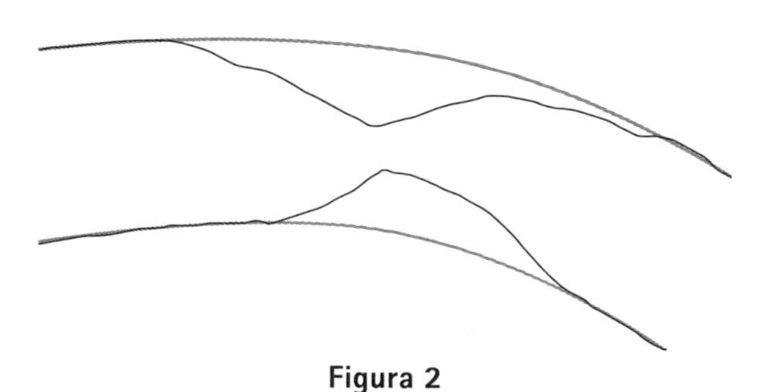

Figura 2

Determinou-se uma linha central dentro do novo segmento, equidistante das bordas por manipulação algébrica polinomial, criando-se um terceiro polinômio, $(f(x) - g(x))/2 + g(x) = h(x)$:

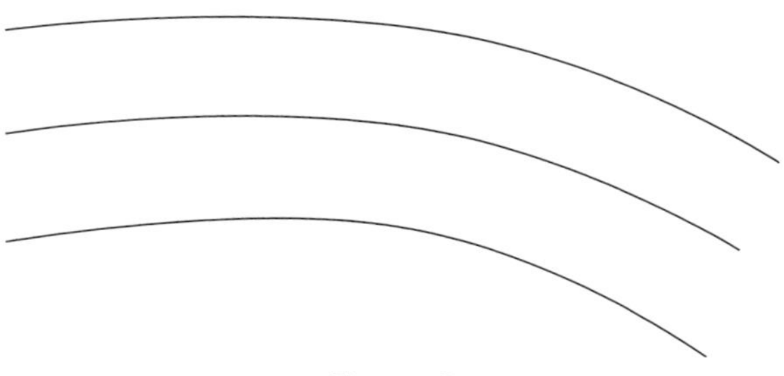

Figura 3

Para uniformização dos cálculos subsequentes, os três polinômios também foram transformados em splines $f(es)$ e $f(ei)$:

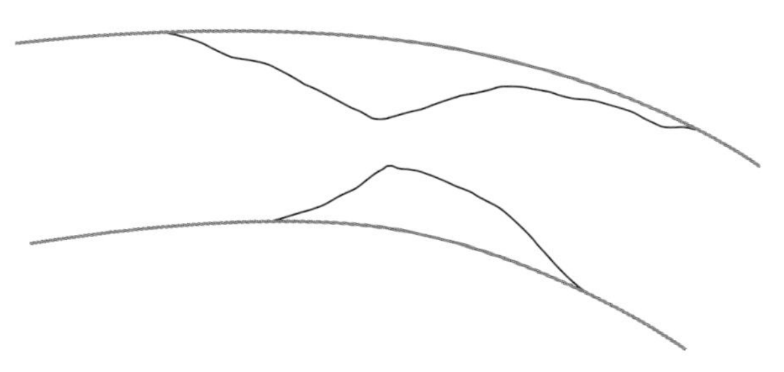

Figura 4

A linha central foi, então, subdividida em 50 pontos equidistantes. As linhas tangentes a esses pontos foram determinadas a partir das suas respectivas funções derivadas, $(d/dx)\, h(x)$, determinando-se, então, uma linha ortogonal a cada derivada.

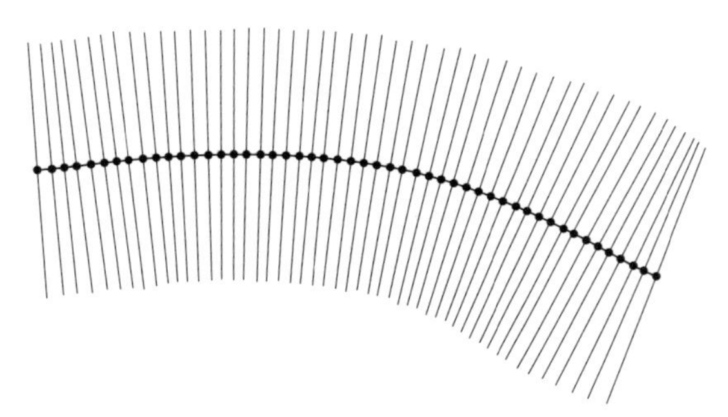

Figura 5

A solução numérica (raiz) entre cada linha ortogonal com cada função spline (superior e inferior) correspondeu aos pontos de intersecção destas linhas ficando assim determinados 50 pontos no contorno superior e 50 pontos no contorno inferior.

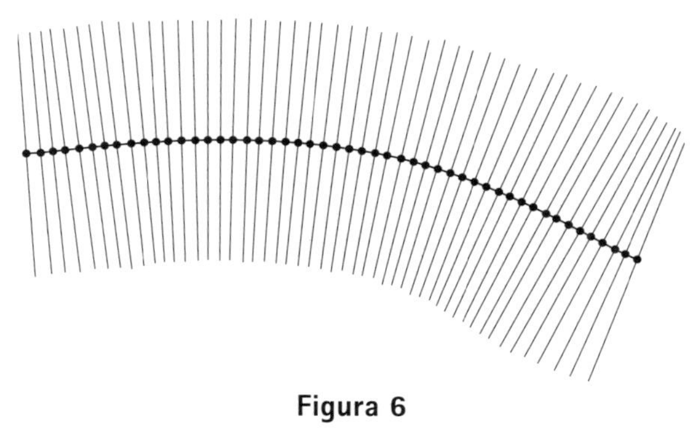

Figura 6

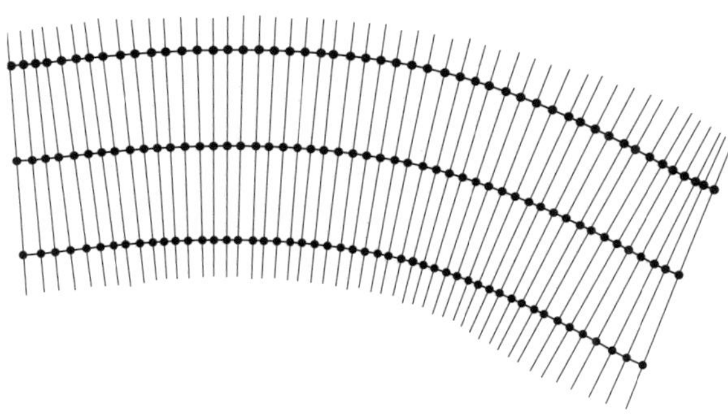

Figura 7

Os segmentos que conectam, respectivamente, os pontos do contorno superior e inferior, corresponderam aos diâmetros do contorno arterial hipotético sem doença. O conjunto desses segmentos correspondeu à chamada função de diâmetro (*diameter function*).

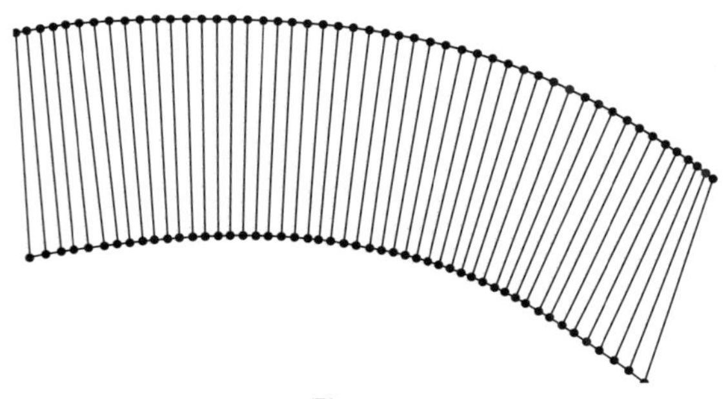

Figura 8

A raiz entre cada linha ortogonal com cada função spline (superior e inferior) do contorno interno correspondeu aos pontos de intersecção dessas linhas, ficando assim determinados 50 pontos do contorno superior e 50 pontos do contorno inferior.

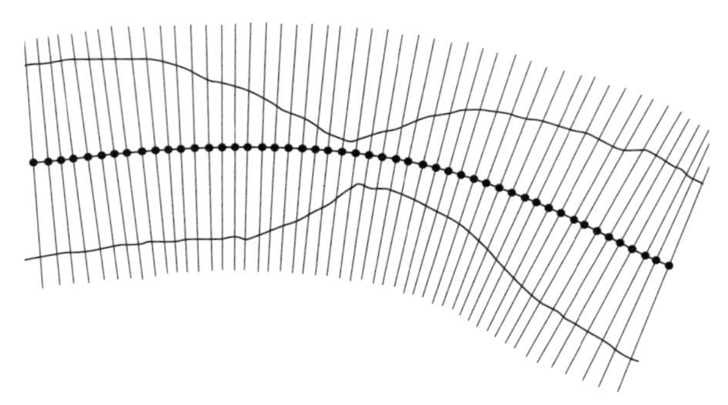

Figura 9

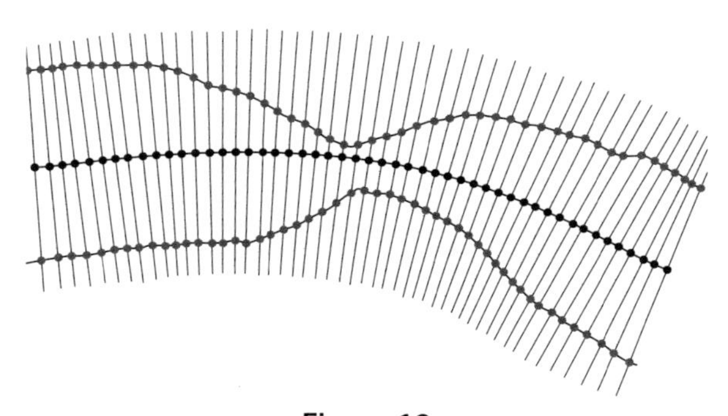

Figura 10

Os segmentos, que conectam, respectivamente, os pontos do contorno superior e inferior, corresponderam aos diâmetros do contorno arterial angiográfico do paciente.

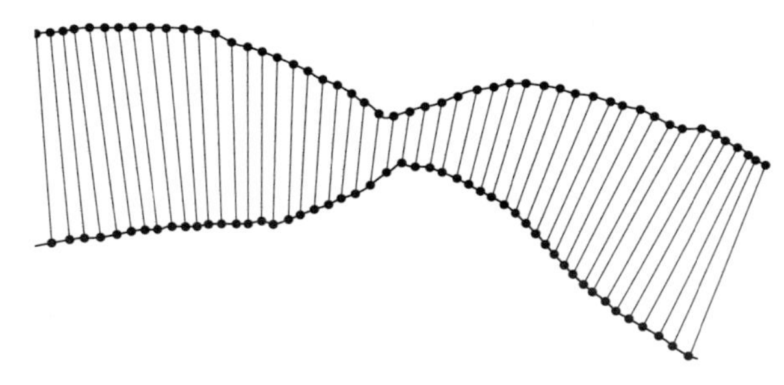

Figura 11

Na análise dos segmentos e diâmetros foram tomados (a) o diâmetro de referência, (b) o diâmetro de referência interpolado e os diâmetros do segmento estenosado, especialmente o diâmetro luminal mínimo.

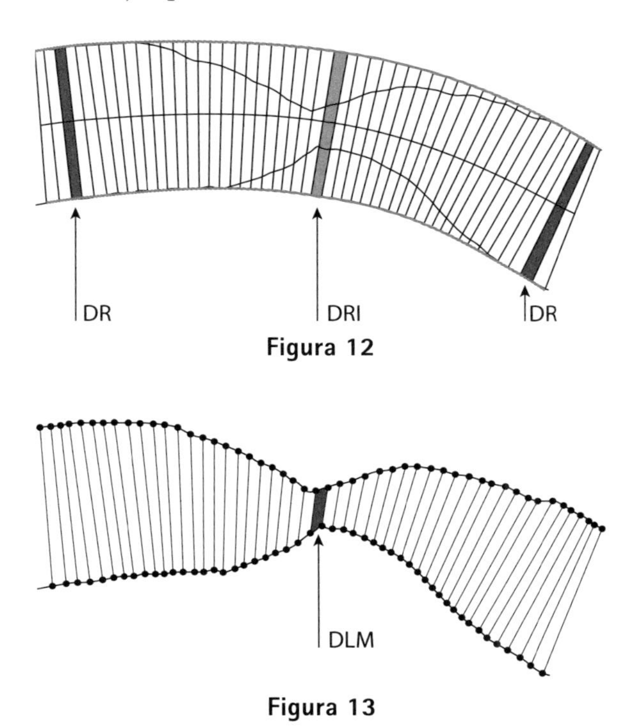

Figura 12

Figura 13

Cálculo das áreas

Supondo que projeção bidimensional da artéria coronária produza um contorno superior ou inferior, o cálculo de proliferação superior foi feito pela integração da função spline external superior, $S_a^b f(es)\ des$.

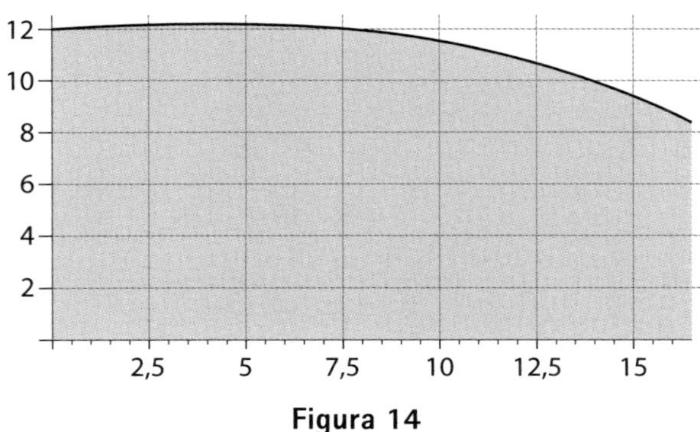

Figura 14

Em seguida, integrou-se a função spline interna inferior $S_a^b f(is)\ dis$.

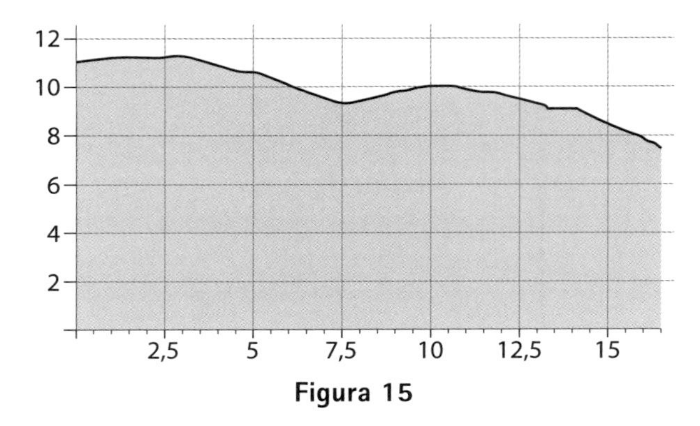

Figura 15

A área de proliferação superior foi obtida por $S_a^b f(is)\ dis\ S_a^b f(is)\ dis$.

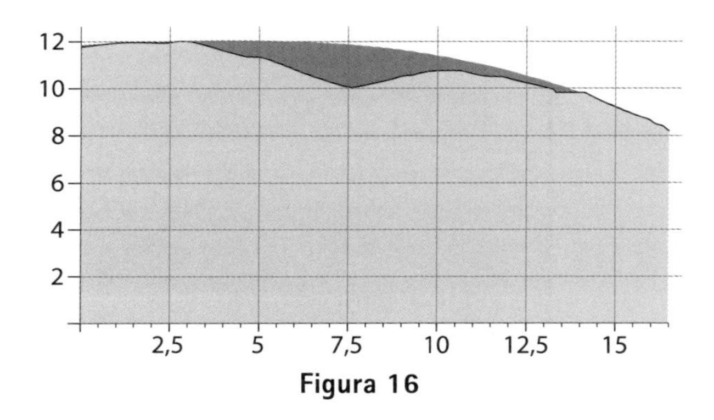

Figura 16

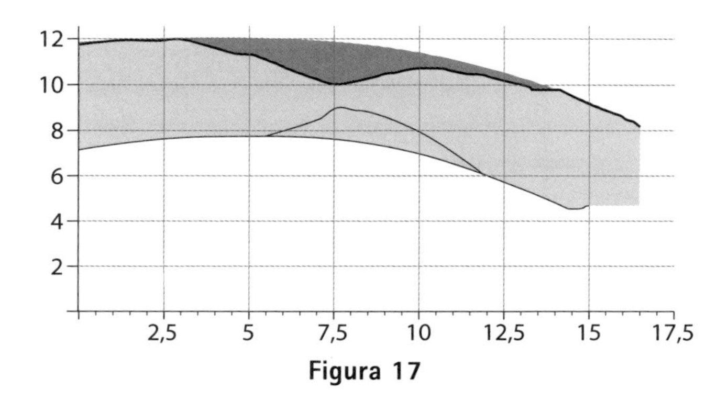

Figura 17

Para as áreas do contorno inferior o cálculo de proliferação inferior foi feito pela integração da função spline external inferior $S_a^b f(es)\ des$.

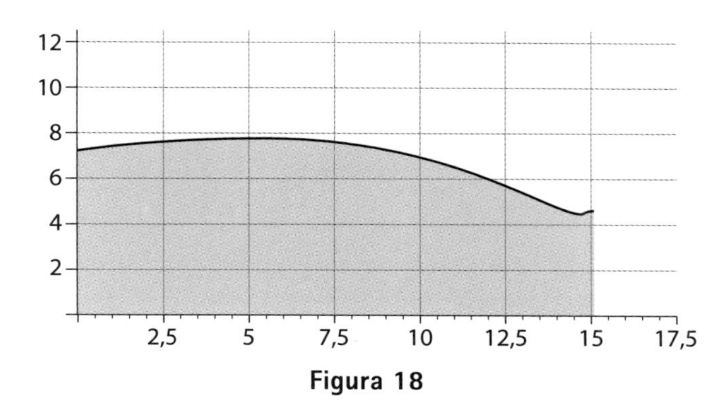

Figura 18

Em seguida, integrou-se a função spline interna inferior $S_a^b f(ii)\ dii$.

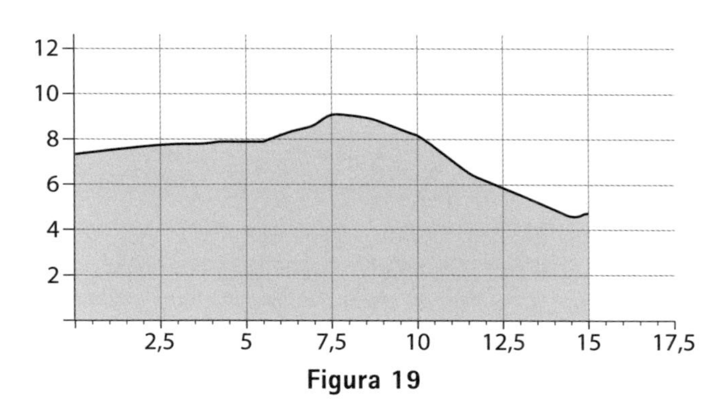

Figura 19

A área de proliferação inferior foi obtida por $S_a^b f(ii)\ dii\ S_a^b f(ei)\ dei$.

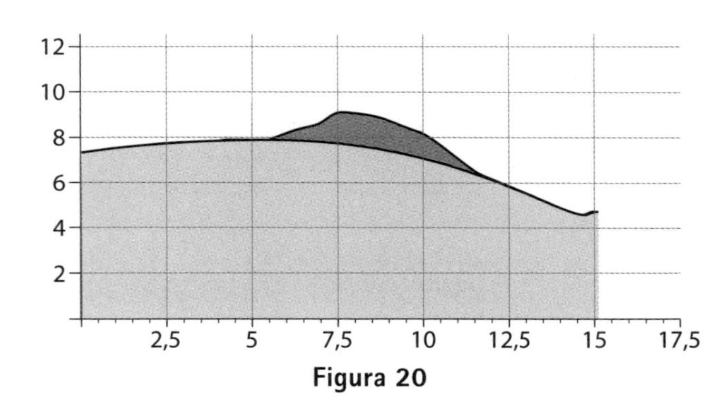

Figura 20

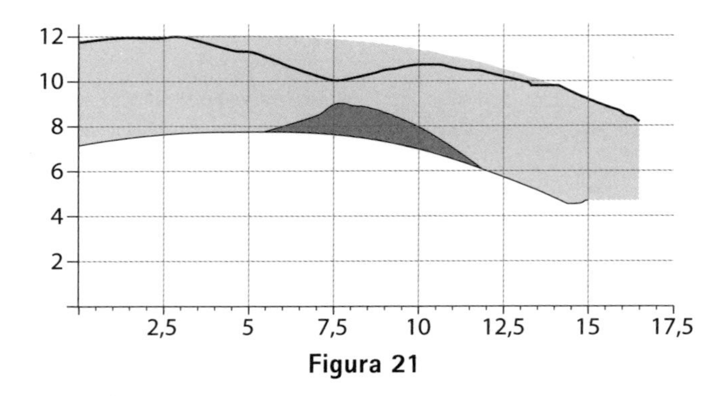

Figura 21

Diâmetros do contorno arterial em função dos pontos longitudinais (função diametral).

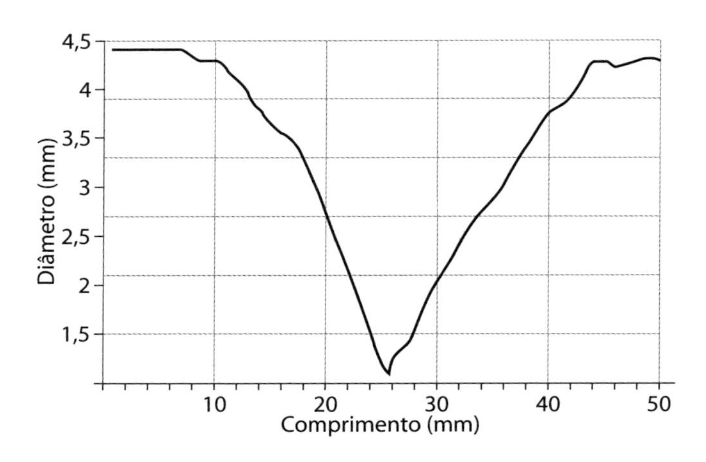

Figura 22

Topologia dos segmentos analisados

Para análise, escolheu-se como centro dos segmentos analisados o locus médio do stent, incluindo-se uma porção pré-stent e uma porção pós-stent. Portanto, os contornos da lesão inicial e do reestudo foram alinhados pelos centros dos stents $S_a^b f(is)dis$ $S_a^b f(is)dis$.

Como as imagens da lesão inicial carecem necessariamente de stents, suas porções inicial e final foram determinadas pela comparação com a imagem da liberação dos stents.

Aplicação do método

Diâmetros

As medidas fundamentais foram os comprimentos dos segmentos, os diâmetros interpolados e os diâmetros da silhueta angiográfica. Deles, foram derivadas as medidas habituais da angiografia coronária quantitativa (ACQ).

Ganho imediato (GI): representa a ampliação completa do diâmetro mínimo da luz, em milímetros, após a liberação ótima do stent, sendo calculado como a diferença entre o diâmetro luminal mínimo, após o implante do stent (DLM2) e o diâmetro luminal mínimo pré-implante do stent (DLM1).

Ganho imediato relativo (GIR): representa o ajuste do ganho imediato em relação ao diâmetro de referência do vaso alvo. É obtido pela divisão do ganho imediato (GI) pelo diâmetro de referência do vaso alvo após o implante do stent (DR2).

Perda tardia (PT): representa a perda do diâmetro mínimo da luz no segmento angiográfico tardio. É calculada pela diferença entre o diâmetro luminal mínimo, após o implante do stent (DLM2) e o diâmetro luminal mínimo no reestudo (DLM3), expressa em milímetros.

Perda tardia relativa (PTR): representa o ajuste da perda tardia da luz, em relação ao diâmetro de referência no reestudo (DR3). É calculada pela divisão da perda tardia da luz (PT) pelo diâmetro de referência no reestudo (DR3).

Ganho líquido (GL): representa o benefício global obtido com o implante do stent, em relação ao diâmetro da luz ao final do período de consolidação da intervenção. É calculado por meio da diferença entre o ganho imediato (GI) e a perda tardia (PT), sendo expresso em milímetros.

Ganho líquido relativo (GLR): representa o ajuste do ganho líquido (GL), em relação ao diâmetro de referência tardio do vaso alvo. É calculado por meio da divisão do ganho líquido (GL) pelo diâmetro de referência no reestudo (DR3).

Áreas

Determinou-se o valor das áreas das placas, das áreas de proliferação neointimal e das áreas confluentes.

Resultados da ACQ na análise dos dados de 26 pacientes

Este método foi usado para análise das angiografias coronárias de 26 pacientes e se mostrou estável e confiável. A análise de regressão linear univariada dos dados de 26 pacientes mostrou uma significativa correlação entre PNT e PT ($r = 0{,}66$, $p = 0{,}0002$) e uma forte correlação entre PNT e PNVP ($r = 0{,}89$, $p = 0$). A análise de regressão univariada mostrou uma significativa correlação entre APNT e APT ($r = 0{,}63$, $p = 0{,}0005$) e uma maior correlação entre APNT e APTC ($r = 0{,}87$, $p = 0$). Não existiram diferenças significativas nos resultados da análise de regressão entre os níveis binários dos fatores sexo, reestenose e diabetes. Conclusão: Nosso estudo suporta o conceito de uma significante associação entre a proliferação neointimal que ocorre após o implante de stent e a carga da placa inicial. Para cada caso foi realizada uma análise detalhada como na Figura 23.

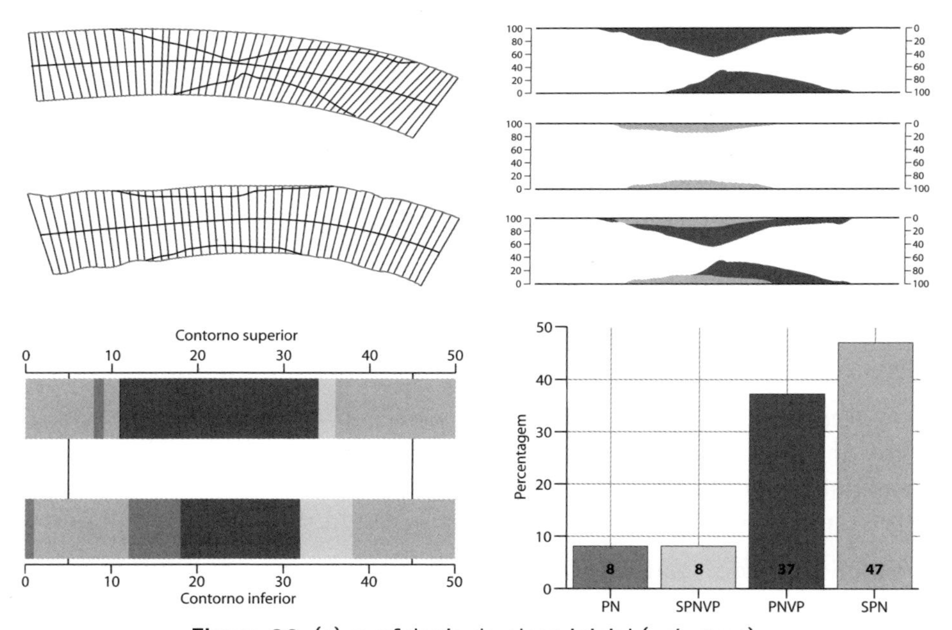

Figura 23. (a) morfologia da placa inicial (pré-stent),
(b) morfologia da proliferação neointimal (no reestudo);
(c) distribuição da placa inicial, (d) distribuição da proliferação neointimal,
(e) superposição de c e d, representação dos pontos dos contornos superior e inferior conforme a distribuição neointimal,
(g) gráfico de barras que representa percentagem de proliferação neointimal

Referências bibliográficas

ALLENDER, S. et al., Scarborough P, O'Flaherty M, and Capewell S. Patterns of coronary heart disease mortality over the 20th century in England and Wales: Possible plateaus in the rate of decline. *BMC Public Health*, v. 8, p. 148, 2008.

GLAGOV, S. et al.,Weisenberg E, Zarins CK, Stankunavicius R, and Kolettis GJ. Compensatory enlargement of human atherosclerotic coronary arteries. *N. Engl. J. Med.*, v. 316, n. 22, p. 1371-5, 1987

GOLDBERG, R. K. et al. Comparison of quantitative coronary angiography to visual estimates of lesion severity pre and post PTCA. *Am. Heart J.* , v. 119, n. 1, p. 178-84, 1990.

GREENSPAN, H. et al., Evaluation of center-line extraction algorithms in quantitative coronary angiography. *IEEE Trans. Med. Imaging*, v. 20, n. 9, p. 928-52, 2001.

HERMILLER, J. B. et al. Quantitative and qualitative coronary angiographic analysis: review of methods, utility, and limitations. Cathet Cardiovasc Diagn, v. 25, n. 2, p. 110-31, 1992.

LIBBY, P.; THEROUX, P. Pathophysiology of coronary artery disease. *Circulation*, v. 111, n. 25, p. 3481-8, 2005

LLOYD-JONES, Dord R, Steinberger J, Thom T, Wasserthiel-Smoller S, Wong N, Wylie-Rosett J, and Hong Y.et al. Heart disease and stroke statistics_2009 update: a report from the American Heart Association Statistics Committee and Stroke Statistics Subcommittee. *Circulation*, v.; 119, n. 3, p. 480-6, 2009.

MAIELLO, J. Relação entre a proliferação neointimal e a lesão inicial em portadores de stent coronário, pela angiografia coronária quantitativa. 2004. Tese (Doutorado) – Universidade de Campinas, Campinas, 2004.

REIBER, H. and; SERRUYS, P. W. Quantitative coronary angiography. In: Marcus, M. (ed.), *Cardiac imaging*. W. B. Saunders Compan, 1991. p. 211-280.

REIBER, J. H. et al. Quantitative coronary arteriography: current status and future. *Heart Vessels*, Suppl., v. 12, p. 209-11, 1997.

REIBER, J. H. et al. Assessment of short-, medium-, and long-term variations in arterial dimensions from computer-assisted quantitation of coronary cineangiograms. *Circulation*, 1985;v. 71, n. 2, p. 280-8, 1985.

REIBER, J. H. et al. Coronary artery dimensions from cineangiograms methodology and validation of a computer-assisted analysis procedure. *IEEE Trans Med Imaging*, v. 3, n. 3, p. 131-41, 1984.

SANDOR, T. et al. High precision quantitative angiography. IEEE Trans Med Imaging, v. 6, n. 3, p. 258-65, 1987.

SANDOR, T.; ALS, A. V.; PAULIN, S. Cine-densitometric measurement of coronary arterial stenoses. *Cathet. Cardiovasc. Diagn.*, v. 5, n. 3, p. 229-45, 1979.

STARY, H. C. et al. r SA A definition of initial, fatty streak, and intermediate lesions of atherosclerosis. A report from the Committee on Vascular Lesions of the Council on Arteriosclerosis, American Heart Association. *Circulation*, v. 89, n. 5, p. 2462-78, 1994.

STRONG, J. P. et al. Prevalence and extent of atherosclerosis in adolescents and young adults: implications for prevention from the Pathobiological Determinants of Atherosclerosis in Youth Study. *JAMA*, v. 281, n. 8, p. 727-35, 1999.

TOMMASINI, G.; RUBARTELLI, P.; PIAGGIO, M. A deterministic approach to automated stenosis quantification. Catheter. Cardiovasc. Interv., v. 48, n. 4, p. 435-45, 1999.

ZIR, L. M. et al. Interobserver variability in coronary angiography. *Circulation*, v. 53, n. 4, p. 627-32, 1976.

ZIR, L. M. Observer variability in coronary angiography. *Int. J. Cardiol.*, v. 3, n. 2, p. 171-3, 1983.

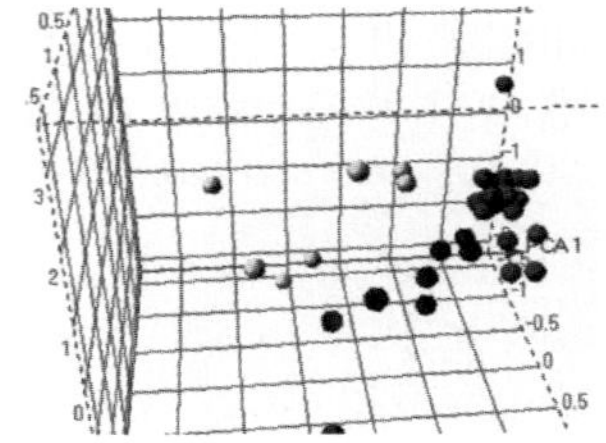

Capítulo 8

APLICAÇÃO DA ANÁLISE DE COMPONENTES PRINCIPAIS E CLUSTER NO ESPORTE

FELIPE ARRUDA MOURA
LUIZ EDUARDO BARRETO MARTINS
SERGIO AUGUSTO CUNHA

1 Introdução

Os métodos de análise multivariada representam uma mistura de conceitos da álgebra de matrizes, geometria, cálculo e estatística. Em suma, as técnicas multivariadas são úteis para: a) descobrir regularidades no comportamento de duas ou mais variáveis e b) testar modelos alternativos de associação entre variáveis, incluindo a determinação de como dois ou mais grupos se diferem em seus "múltiplos perfis" (CARROLL et al., 1997).

Uma das técnicas de análise multivariada mais conhecida é a Análise de Componentes Principais (PCA – *Principal Component Analysis*). A ideia central da PCA é reduzir a dimensão de uma série de dados que possui um grande número de variáveis inter-relacionadas, enquanto mantém o máximo possível a variância presente em todas as variáveis originais. Essa redução é alcançada transformando uma nova série de variáveis, os componentes principais, que são ordenados de modo que os primeiros componentes mantenham a maior parte da variância presente em todas as variáveis originais (JOLLIFFE, 1986). Assim, a Análise de Componentes Principais possui uma variedade de aplicações e alguns trabalhos da literatura a usam no sentido de analisar dados coletados no esporte.

Dawkins (1989) e Naik e Khattree (1996) utilizaram diferentes técnicas da PCA para analisar os resultados das provas de corrida no atletismo (feminino e masculino) durante os Jogos Olímpicos de 1984. Esses autores aplicaram a referida técnica e criaram uma classificação dos melhores países, com base em todas as provas. Por outro lado, Barros et al. (2006) utilizaram a PCA para representar graficamente o local do campo onde atletas de futebol mais atuam durante uma partida e, a partir dessas análises, fornecer informações táticas sobre o jogo.

Outra forma de coletar informações sobre o desempenho de jogadores e equipes é a realização do *scout*, que consiste em registrar o número de execuções de determinadas ações (passe, drible, finalização, arremesso, cortada, bloqueio etc.) realizadas pelos jogadores durante uma partida. Porém, normalmente o *scout* fornece uma quantidade muito grande de variáveis e de informações, dificultando sua análise. Portanto, a Análise de Componentes Principais é uma ferramenta estatística que pode contribuir para a interpretação de dados dessa natureza.

Assim, neste capítulo serão descritos os processos de Análise de Componentes em dados de *scout* das seleções participantes durante todos os jogos da primeira fase da Copa do Mundo de 2006. Adicional à PCA, também será realizada a Análise de *Cluster*, que consiste em um método de criar grupos de objetos (ou *clusters*) de forma que os objetos de um *cluster* sejam muito similares e objetos em diferentes grupos sejam muito distintos (GAN et al., 2007).

2 Análise de Componentes Principais

Para a realização de todo o processo de análise, foram coletadas as informações de *scout* de todos os jogos da primeira fase da Copa do Mundo de 2006, disponibilizado pela FIFA (2009). Essas informações correspondem ao número de finalizações realizadas, finalizações que acertaram o alvo, gols, faltas cometidas, faltas sofridas, escanteios cobrados, faltas cobradas a gol, impedimentos, gols contra, primeiro cartão amarelo, segundo cartão amarelo, cartões vermelhos, tempo de posse de bola e porcentagem de tempo de posse de bola em relação ao tempo total de jogo.

Uma vez que nessa competição havia 32 equipes participantes e que cada equipe realizou três jogos na primeira fase, foram analisados 96 jogos. As informações de *scout* de cada equipe, em cada jogo, foram organizadas em forma de uma matriz de 96 linhas por 14 colunas. Cada linha era representada por uma equipe em um determinado jogo e cada coluna era representada pela variável analisada (frequência de cada ação), conforme a Tabela 1.

Tabela 1. Dados de *scout* dos jogos da primeira fase da Copa do Mundo de Futebol de 2006.

Equipe	Finalizações	Finalizações no gol	Gols	Faltas cometidas	Faltas sofridas	Escanteios	Faltas a gol	Impedimento	Gols contra	1º Cartão amarelo	2º amarelo	Cartão vermelho	Tempo de jogo	Posse de bola %
Alemanha	21	10	4	11	12	7	1	3	0	0	0	0	34	63
Alemanha	16	8	1	21	17	10	0	6	0	3	0	0	29	59
Alemanha	15	9	3	18	21	2	0	3	0	1	0	0	23	42
Costa Rica	4	2	2	15	11	3	0	3	0	1	0	0	20	37
Costa Rica	12	4	0	22	18	4	0	2	0	2	0	0	29	49
Costa Rica	12	5	1	12	20	2	3	4	0	5	0	0	28	50
Polônia	5	3	0	17	21	4	0	2	0	2	1	0	21	41
Polônia	7	3	0	9	15	11	2	3	0	1	0	0	30	56
Polônia	10	7	2	20	12	8	2	1	0	5	0	0	29	50
Equador	7	2	0	22	18	5	2	0	0	1	0	0	31	58
Equador	10	6	2	15	9	2	1	2	0	2	0	0	24	44
Equador	14	7	3	18	22	3	2	3	0	3	0	0	30	51
Inglaterra	13	5	1	13	11	6	0	4	0	2	0	0	28	53
Inglaterra	23	8	2	15	19	7	0	2	0	1	0	0	33	63
Inglaterra	14	8	2	13	17	6	1	1	0	1	0	0	31	55
Paraguai	7	2	0	13	12	1	0	3	1	1	0	0	25	47
Paraguai	16	3	0	15	18	3	1	1	0	5	0	0	21	42
Paraguai	16	9	2	18	19	7	1	3	0	2	0	0	27	53
T. Tobago	6	2	0	10	7	1	0	1	0	1	1	0	23	41
T. Tobago	7	3	0	19	14	3	0	2	0	5	0	0	20	37
T. Tobago	9	2	0	21	16	1	0	3	1	2	0	0	24	47
Suécia	18	6	0	9	10	8	1	2	0	1	0	0	34	59
Suécia	17	10	1	19	15	6	1	3	0	3	0	0	28	58
Suécia	9	6	2	18	11	12	1	0	0	2	0	0	25	45
Argentina	9	4	2	15	17	3	2	6	0	3	0	0	28	50
Argentina	11	9	6	14	20	3	0	3	0	1	0	0	30	58
Argentina	10	3	0	17	21	10	0	4	0	2	0	0	24	47

Equipe	Finalizações	Finalizações no gol	Gols	Faltas cometidas	Faltas sofridas	Escanteios	Faltas a gol	Impedimento	Gols contra	1º Cartão amarelo	2º amarelo	Cartão vermelho	Tempo de jogo	Posse de bola %
Nigéria	13	4	1	17	15	6	1	0	0	2	0	0	29	50
Nigéria	16	9	1	15	23	8	1	4	0	3	0	0	29	49
Nigéria	20	10	3	13	17	9	0	7	0	2	1	0	32	69
Servia e M.	11	4	0	15	22	6	3	2	0	4	0	0	22	40
Servia e M.	4	1	0	22	13	4	0	0	0	3	0	1	22	42
Servia e M.	6	3	2	22	12	1	2	1	0	3	1	0	15	31
Holanda	12	6	1	23	14	4	1	3	0	2	0	0	34	60
Holanda	9	8	2	24	15	3	1	6	0	4	0	0	30	51
Holanda	9	3	0	23	16	7	3	1	0	3	0	0	27	53
México	7	4	3	25	18	6	1	1	0	2	0	0	27	53
México	13	8	0	20	20	6	2	0	0	1	0	0	30	54
México	14	7	1	18	27	5	1	2	0	3	1	0	28	49
Irã	7	5	1	21	25	5	0	2	0	1	0	0	24	47
Irã	5	1	0	18	18	1	0	3	0	4	0	0	19	37
Irã	18	13	1	19	23	3	1	2	0	3	0	0	29	55
Angola	11	3	0	29	19	2	0	1	0	3	0	0	25	43
Angola	8	1	0	22	16	5	2	8	0	3	1	0	26	46
Angola	15	7	1	23	17	6	1	5	0	3	0	0	24	45
Portugal	16	8	1	20	28	5	1	0	0	2	0	0	34	57
Portugal	18	10	2	19	18	13	2	4	0	3	0	0	32	63
Portugal	11	5	2	29	14	4	0	1	0	4	0	0	28	51
Itália	18	13	2	8	21	12	2	3	0	3	0	0	25	48
Itália	10	3	1	13	22	7	1	11	1	2	0	1	29	54
Itália	14	6	2	17	16	5	1	1	0	1	0	0	33	51
Gana	14	4	0	22	8	4	0	3	0	2	0	0	28	52
Gana	20	8	2	22	16	7	0	10	0	6	0	0	25	49
Gana	9	4	2	32	15	2	1	8	0	4	0	0	24	49
USA	6	1	0	15	17	2	0	0	0	2	0	0	32	56
USA	8	0	1	24	13	3	1	1	0	0	1	1	25	46
USA	7	3	1	16	30	7	0	6	0	1	0	0	26	51
Rep. Tcheca	10	5	3	19	14	5	0	9	0	4	0	0	26	44
Rep. Tcheca	14	4	0	16	22	6	2	4	0	1	0	1	25	51
Rep. Tcheca	11	18	0	18	15	4	0	1	0	0	1	0	31	49
Brasil	13	6	1	20	19	5	0	3	0	1	0	0	32	51
Brasil	16	6	2	9	24	7	2	5	0	3	0	0	30	54

Equipe	Finalizações	Finalizações no gol	Gols	Faltas cometidas	Faltas sofridas	Escanteios	Faltas a gol	Impedimento	Gols contra	1º Cartão amarelo	2º amarelo	Cartão vermelho	Tempo de jogo	Posse de bola %
Brasil	21	14	4	6	9	11	1	0	0	1	0	0	38	60
Croácia	9	3	0	20	19	7	1	4	0	3	0	0	32	49
Croácia	16	6	0	18	19	11	0	6	0	2	0	0	23	44
Croácia	8	3	2	21	23	4	1	2	0	2	2	0	24	44
Austrália	20	12	3	22	11	5	3	5	0	4	0	0	36	53
Austrália	14	4	0	25	8	4	0	1	0	2	0	0	26	46
Austrália	12	7	2	25	20	9	0	1	0	0	1	0	31	56
Japão	6	2	1	11	22	3	0	3	0	3	0	0	33	47
Japão	12	5	0	19	18	5	3	1	0	3	0	0	29	56
Japão	9	3	1	9	5	3	1	4	0	1	0	0	25	40
França	9	3	0	18	16	4	0	5	0	3	0	0	31	51
França	15	4	1	20	10	6	0	4	0	2	0	0	29	52
França	17	9	2	12	21	9	0	5	0	1	0	0	35	56
Suíça	7	4	0	18	18	1	2	0	0	5	0	0	30	49
Suíça	15	9	2	14	17	8	0	5	0	1	0	0	28	49
Suíça	12	6	2	8	19	8	1	3	0	5	0	0	23	47
Coreia	16	6	2	16	17	3	2	2	0	2	0	0	32	65
Coreia	5	2	1	10	20	2	2	1	0	2	0	0	27	48
Coreia	15	8	0	20	7	6	0	3	0	5	0	0	27	53
Togo	9	3	1	17	15	4	2	4	0	2	1	0	18	35
Togo	10	7	0	18	14	4	0	6	0	3	0	0	28	51
Togo	8	2	0	22	12	1	1	3	0	3	0	0	27	44
Espanha	19	10	4	11	14	7	2	0	0	0	0	0	30	54
Espanha	24	10	3	9	22	12	2	1	0	2	0	0	38	66
Espanha	19	13	1	22	20	10	0	0	0	3	0	0	34	58
Ucrânia	5	2	0	14	11	1	0	8	0	2	0	1	26	46
Ucrânia	19	9	4	25	22	6	0	0	0	3	0	0	28	49
Ucrânia	9	6	1	18	23	3	1	2	0	4	0	0	22	47
Tunísia	6	2	2	17	12	3	0	1	0	4	0	0	25	50
Tunísia	4	3	1	24	8	1	1	6	0	6	0	0	20	34
Tunísia	9	3	0	24	17	3	2	5	0	2	1	0	25	53
A. Saudita	13	5	2	12	16	4	4	1	0	0	0	0	26	50
A. Saudita	6	0	0	24	23	2	0	0	0	3	0	0	28	51
A. Saudita	7	4	0	22	21	4	2	5	0	2	0	0	24	42

A PCA consistiu em calcular os respectivos autovetores e aulovalores do grupo de dados, a partir da matriz de covariância dos dados de *scout*. Os resultados dos autovalores estão apresentados na Tabela 2. Uma vez que os autovalores indicam as variâncias na nova base, verificou-se que o primeiro e o segundo componentes explicam aproximadamente 64,5 % da variação do grupo de dados, conforme a Figura 1.

Tabela 2. Autovalores referentes a cada um dos 14 componentes principais.

Autovalores
86,5
25,9
23,0
16,4
6,4
4,9
4,2
3,3
1,6
1,1
0,8
0,1
0,0
0,0

Uma vez que os dois primeiros componentes representam a maior parte dos dados, a Tabela 3 apresenta os autovetores correspondentes a cada um dos componentes. Assim, os autovetores indicam o "peso" de cada uma das variáveis originais na análise, ou seja, são uma medida da relativa importância de cada variável. O sinal positivo ou negativo representa, respectivamente, uma relação direta ou inversamente proporcional.

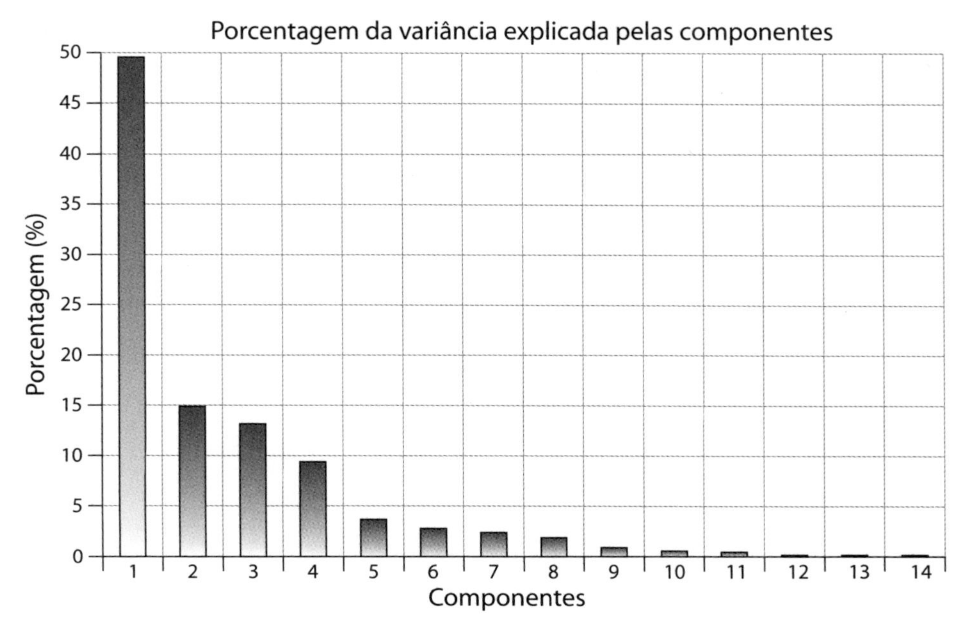

Figura 1. Porcentagem da variância explicada pelos 14 componentes principais.

Tabela 3. Autovetores do primeiro e do segundo componentes principais, referentes a cada variável analisada.

Primeiro Componente Principal	Segundo Componente Principal
0,41	0,06
0,25	0,04
0,05	0,03
–0,17	–0,87
0,11	–0,43
0,19	0,06
0,01	0,02
–0,01	0,01
0,00	0,00
–0,04	–0,05
–0,01	–0,01
0,00	0,00
0,41	–0,05
0,72	–0,19

A matriz dos autovetores referentes aos dois primeiros componentes são matrizes de rotação para a Análise de Componentes Principais. Assim, ao se multiplicar esses autovetores pelos dados originais, centrados na média, obtêm-se o que a literatura chama de *scores*. Os *scores* representam os novos dados, rodados pela nova base composta pelos dois primeiros componentes. Os valores dos *scores* referentes aos dois primeiros componentes estão graficamente representados na Figura 2. Ao lado de cada valor, estão as três primeiras letras da equipe que o mesmo representa. A partir desses valores de *scores*, aplicou-se Análise de *Cluster*.

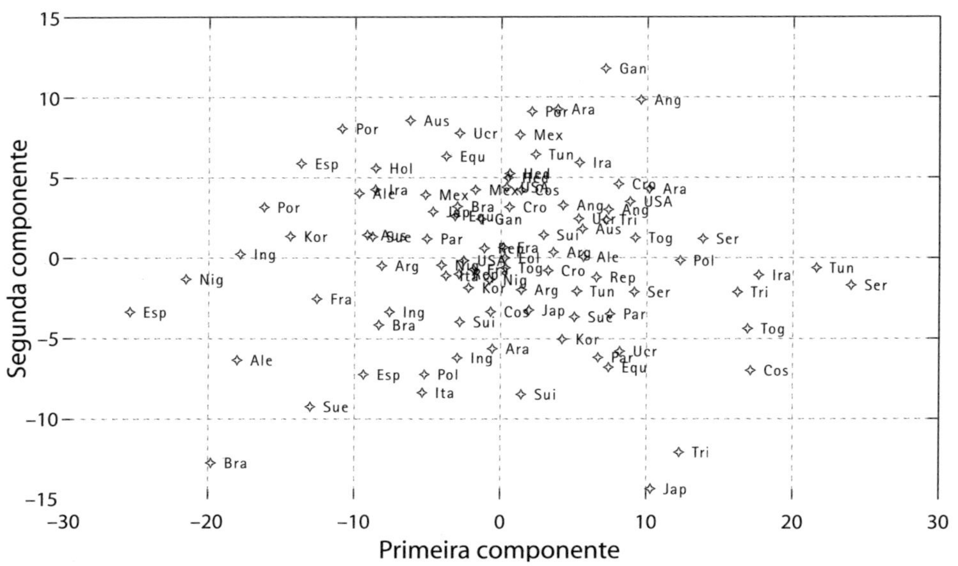

Figura 2. Valores dos dados na nova base (*scores*), composta pelos dois primeiros componentes principais.

3 Análise de Cluster

A Análise de *Cluster* foi aplicada na tentativa de separar em dois grupos distintos as equipes que ganharam (Grupo 1) e as equipes que empataram ou perderam (Grupo 2). O método de cluster selecionado foi o *k-means*, onde inicialmente indicou-se que os dados deveriam ser divididos em dois grupos (GAN et al., 2007). A Figura 3 mostra como cada um dos 96 elementos (referente a cada equipe, em cada jogo) foi classificado a partir do referido método.

Os resultados da Análise de *Cluster* mostraram que aproximadamente 70,3% dos times que ganharam foram classificados no mesmo grupo

(Grupo 1). De maneira similar, 67,8% das equipes que empataram ou perderam os jogos foram classificados no mesmo grupo (grupo 2), mostrando assim que a Análise de *Cluster* aplicada foi efetiva.

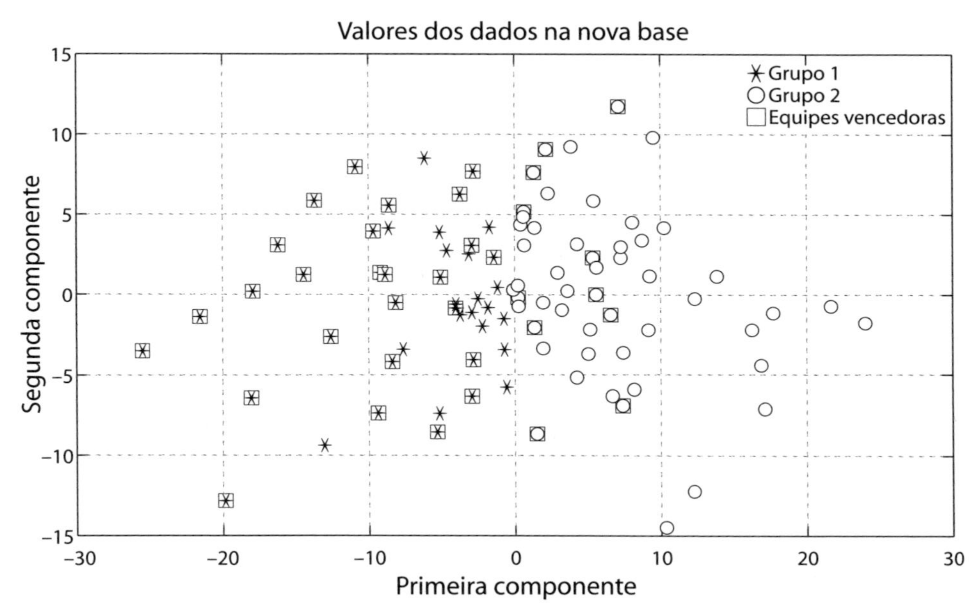

Figura 3. Valores dos dados na nova base, composta pelos dois primeiros componentes principais e a separação dos grupos a partir do método *k-means*.

Para a análise do grau de separação entre os grupos, foram calculados os coeficientes de silhueta (SC = *Silhouette Coefficient*) referentes a cada grupo (Kaufman e Rousseeuw, 1990), obtidos conforme a expressão:

Seja $k = 2$ que é número de *clusters* previamente informado pelo operador e $j = 1, \ldots,$ número de pontos do *cluster* A.

$a(j)$ = distância média entre o ponto j e todos os outros pontos do *cluster* A ao qual j pertence.

$d(j, B)$ = distância do ponto j para cada um dos pontos do *cluster* B. O menor valor de $d(j, B)$ é denominado de $d(j)$, e pode ser visto como a distância entre j e o *cluster* vizinho.

Então:

$$S(j) = \frac{b(j) - a(j)}{\max\{a(j), b(j)\}}, -1 \leq s(j) \leq 1;$$

Assim, s(j) representa o valor de silhueta de cada elemento j.

Então:

SC_k = média de s(j) para todos os elementos j.

A Figura 4 apresenta os valores de silhueta de cada um dos 96 elementos, classificados nos seus respectivos grupos.

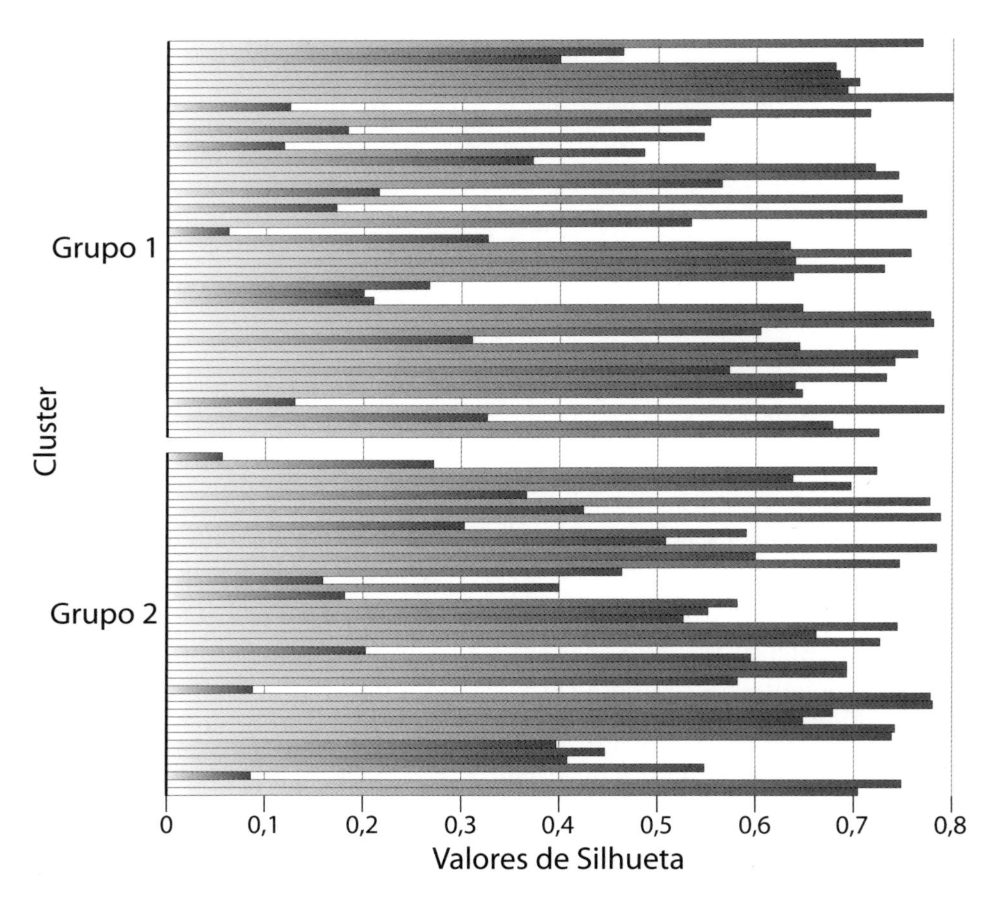

Figura 4. Valores de silhueta referentes aos grupos encontrados.

Os valores de silhueta permitiram verificar que o Coeficiente de Silhueta para o grupo 1 (SC_1) foi de 0,54, ao passo que para o grupo 2, o SC_2 foi de 0,55. De acordo com Kaufman e Rousseeuw (1990), quando o coeficiente de silhueta tem valores entre 0,51 e 0,7, indica-se que uma estrutura razoável foi encontrada. Portanto, os valores de SC_1 e SC_2 indicam que, em média, os elementos foram bem classificados em seus respectivos grupos.

4 Conclusões

A utilização das análises apresentadas mostrou ser uma ferramenta efetiva para a uma melhor interpretação de dados de *scout* no futebol. No entanto, a PCA e a Análise de *Cluster* podem ser realizadas para outras modalidades, quando o desejo for reduzir a dimensão do grupo de dados originais e encontrar grupos com elementos similares, respectivamente. Existem ainda outras aplicações e técnicas para a PCA e Análise de *Cluster*, que podem contribuir com informações adicionais às apresentadas nesse trabalho.

Referências bibliográficas

BARROS, R. M. L., S. A. CUNHA, *et al.* Representation and analysis of soccer players' actions using principal components. Journal of Human Movement Studies, v. 51, p. 103-116. 2006.

CARROLL, J. D., P. E. GREEN, *et al.* Mathematical tools for applied multivariate analysis. San Diego: Academic Press. 1997. xiii, 376 p. p.

DAWKINS, B. Multivariate analysis of national track records. The American Statistician, v. 43, n. 2, p. 110-115. 1989.

FIFA. Disponível em: www.fifa.com. Acesso em: 07/11/09.

GAN, G., C. MA, *et al.* Data clustering : theory, algorithms, and applications. Philadelphia & Alexandria: SIAM & American Statistical Association. 2007. xxii, 466 p. p. (ASA-SIAM series on statistics and applied probability)

JOLLIFFE, I. T. Principal component analysis. New York: Springer-Verlag. 1986. xiii, 271 p. p. (Springer series in statistics)

KAUFMAN, L. E P. J. ROUSSEEUW. Finding groups in data : an introduction to cluster analysis. New York: Wiley. 1990. xiv, 342 p. p. (Wiley series in probability and mathematical statistics. Applied probability and statistics,)

NAIK, D. N. E R. KHATTREE. Revisiting olympic track records: some practical considerations in the principal component analysis. The American Statistician, v. 50, n. 2, p. 140-144. 1996.

Capítulo 9

MÉTODO PARA DISCRIMINAR E QUANTIFICAR A CURVA NEUTRA DA COLUNA VERTEBRAL E SEU MOVIMENTO OSCILATÓRIO DURANTE A MARCHA E A CORRIDA

PEDRO PAULO DEPRÁ
MÁRIO HEBLING CAMPOS
RENÉ BRENZIKOFER
EUCLYDES CUSTÓDIO DE LIMA FILHO (*IN MEMORIAM*)

1 Introdução

O tronco e a coluna vertebral são partes ativas da mecânica da locomoção humana. O elevado número de graus de liberdade apresentado pela coluna vertebral tem levado os pesquisadores a propor modelos simplificados e a desenvolver novas metodologias para quantificar as variáveis associadas. Na maioria dos estudos não invasivos dedicados a sua cinemática, a curva representativa da coluna é obtida a partir do alinhamento dos processos espinhosos das vértebras. Marcadores aderidos no dorso, fixados à pele ou em suportes, são localizados no espaço tridimensional por técnicas videogramétricas convencionais.

Encontramos duas estratégias metodológicas aplicadas ao estudo da movimentação da coluna vertebral, da região torácica até a lombo-sacra, incluindo, em certos casos, a pelve. A primeira delas considera a coluna vertebral como um conjunto de segmentos rígidos articulados entre si, cujos movimentos relativos são medidos e interpretados; a segunda descreve a forma da coluna como uma curva geométrica contínua e suave desde a região cervical até o sacro.

Whittle e Levine (1997), na quantificação da lordose lombar durante a marcha, comparam as configurações de três e quatro marcadores esféricos, aderidos à pele ou montados em hastes leves, por meio dos ângulos entre os segmentos toracolombar e sacral superior. Crosbie et al. (1997, a e b) definem três segmentos, torácico inferior, lombar e pélvico, a partir de marcadores aderidos à pele, e investigam o movimento intersegmentar daqueles durante a marcha. Syczewska et al. (1999) consideram sete segmentos entre C7 e S2 para descreverem o comportamento da coluna vertebral e o apresentam como o movimento de um componente rígido, com pequenos movimentos intersegmentares sobrepostos. Em todos esses trabalhos os movimentos intersegmentares apresentam oscilações com dois ciclos completos por passada no plano sagital e somente um ciclo no mesmo período, no plano frontal.

Nos trabalhos de Brenzikofer et al. (2000; 2001) a curva apresentada pela coluna é tratada como contínua no espaço e obtida a partir da localização de 30 a 40 marcadores aderidos à pele do dorso, ao longo da linha virtual desenhada pelos processos vertebrais. Para a formulação matemática das curvas representativas, em cada plano de projeção (sagital e frontal), são ajustadas funções polinomiais. A descrição da curva da coluna é feita em termos de curvatura geométrica bidimensional a cada instante registrado do movimento.

Durante a marcha e a corrida, a coluna vertebral apresenta duas características distintas, de forma integrada ou sobreposta: a primeira é própria do indivíduo e neutra em relação ao movimento realizado, a segunda é típica da atividade física exercida. Indivíduos normais mesmo na presença de leves assimetrias fisiológicas apresentam um alto grau de simetria entre a movimentação dos membros direito e esquerdo durante a marcha (GOBLE; MARINO; POTVIN, 2003). Não encontramos estudos cinemáticos que procurem separar a forma da coluna vertebral neutra, individual, das suas oscilações e adaptações à atividade física realizada pelo sujeito.

Este artigo apresenta uma metodologia que descreve a movimentação da coluna vertebral e permite discriminar e quantificar dois componentes de sua cinemática. Um componente estacionário, neutro em relação ao movimento, e outro, oscilante, peculiar da atividade realizada. O método é aplicado com sucesso à marcha e à corrida em diferentes velocidades, analisadas no plano frontal.

2 Método

Dois voluntários assintomáticos participaram do trabalho na parte experimental. Um atleta com 25 anos de idade, 1,80 m de estatura e 65,9 kg de massa; e outro estudante universitário, não sedentário, com 39 anos de idade, 1,74 m de altura e 70 kg de massa. Durante o experimento, eles trajaram calção e touca para natação, ambas as peças de cor escura. Após serem informados a respeito dos procedimentos experimentais, assinaram um "Termo de Consentimento Livre e Esclarecido". O protocolo desta pesquisa foi aprovado pelo Comitê de Ética em Pesquisa da Universidade.

Neste trabalho, a forma geométrica da coluna vertebral é definida a partir da curva contínua que os processos espinhosos das vértebras permitem desenhar na pele do dorso. Para fazer o levantamento dessa curva são aderidos à pele 35 a 45 marcadores regularmente espaçados, de cerca de 2,3 cm, ao longo da linha definida por meio de palpação. Os marcadores utilizados são adesivos analérgicos, retrorefletores, na forma de discos planos com 5 mm de diâmetro. Para preservar a informação sobre a localização de certos processos espinhosos e das vértebras correspondentes, são colocados pares de marcadores, simetricamente distribuídos de cada lado da coluna. Desse modo, identificamos as vértebras T1, T6, T12, L4, além das espinhas ilíacas póstero-superioras e acrômios (Figura 1). As regiões occipital (touca) e coccígea (calção) também são marcadas para auxiliarem no ajuste da curva característica, mas são descartadas na fase da análise. Todo o procedimento de marcação é realizado com o voluntário em posição ereta.

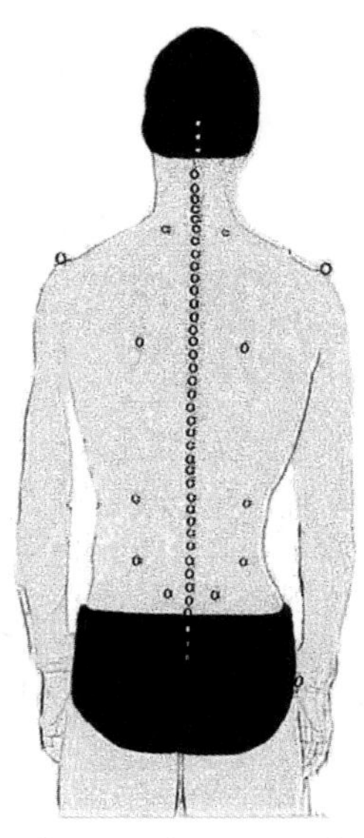

Figura 1. Localização dos marcadores refletores.

Após um período de aquecimento, os voluntários realizam atividades de marcha ou corrida, sobre esteira, cada um em quatro velocidades diferentes. O estudante realiza a marcha sobre esteira regulada nas velocidades de 0,8, 1,0, 1,2 e 1,5 m/s, e o atleta, corridas nas velocidades 2,0, 2,4, 3,2 e 4,0 m/s. Todo o processo é registrado, e quinze passadas completas de cada sujeito, em cada velocidade, são selecionadas para análise.

No início da sessão experimental é registrado o dorso e a marcação dos voluntários em posição ereta, estática, para futuras comparações.

Para permitir a localização 3D dos marcadores, a movimentação dos voluntários é registrada por duas câmeras de vídeo enquadrando a coluna vertebral e o dorso. Uma terceira câmera, colocada lateralmente, registra a movimentação dos membros inferiores. A sincronização dos registros é obtida por meio de um sinal de áudio codificado e gravado simultaneamente por todas as câmeras (BARROS et al., 2006). Antes da aquisição dos dados, o arranjo experimental é calibrado. A seguinte orientação do sistema de coordenadas é adotada: "x" paralelo à linha de movimento da esteira, apontando para frente do sujeito; "z" vertical de baixo para cima e "y" transversal, ortogonal aos outros dois e com sentido para a esquerda do voluntário. Após a reconstrução 3D dos marcadores, para a análise da coluna vertebral, o sistema de coordenadas é transladado para o marcador de T12.

3 Localização 3D dos marcadores

As sequências de imagens geradas pelas câmeras são amostradas a 60 Hz, e medidas com um processo semi-automático. O software utilizado, "Dvideow" (BARROS et al., 1999; FIGUEROA; LEITE; BARROS, 2003), especialmente desenhado para esse fim, baseia-se em *multi-tracking* dos marcadores a partir de segmentação morfológica. O mesmo software realiza, pelo método DLT, a reconstrução tridimensional da posição dos marcadores ao longo do tempo.

O registro da câmera lateral permite identificar os passos, as passadas e confirmar a qualidade da periodicidade do movimento. Neste trabalho, a passada é definida entre sucessivos contatos do pé direito. As informações assim obtidas, a partir das quinze passadas, são agrupadas em uma única passada padrão de alta qualidade. Essa passada padrão é definida para cada sujeito em cada velocidade e é utilizada para as análises a seguir.

4 Representação da coluna vertebral

Para representar geometricamente o formato da coluna, optamos pela descrição da curva definida pelos marcadores por meio das suas projeções bidimensionais, nos planos sagital e frontal. Para isso, em cada plano de projeção, utilizamos polinômios, garantindo assim a forma, a continuidade e a derivabilidade das funções representativas. Estas são características indispensáveis para o cálculo da curvatura geométrica bidimensional. As funções polinomiais, nos planos de projeção, são parametrizadas em z (coordenada vertical) e ajustadas aos dados reconstruídos por meio do método dos quadrados mínimos. O grau dos polinômios (igual a nove nestas aplicações) foi definido por meio do Teste do Quiquadrado reduzido (x^2red) (FISHER, 1970; BEVINGTON, 1969). Assim, uma dessas curvas representa a coluna vertebral em cada plano de projeção e a cada instante "t" registrado do ciclo da passada padrão.

Além da representação das curvas projetadas por meio de polinômios, procuramos uma descrição que evidenciasse localmente suas curvaturas. Para tal, lançamos mão do conceito de curvatura geométrica bidimensional. Quantitativamente, a curvatura geométrica é dada como o inverso do raio do círculo que tangencia localmente uma curva. Assim, uma curva acentuada tem uma curvatura geométrica elevada e é nula para um trecho retificado. Para uma curva dada por uma função parametrizada, o cálculo da curvatura geométrica bidimensional $K(z)$ é realizado a partir das primeiras $P'(z)$ e segundas $P''(z)$ derivadas da função polinomial $P(z)$ em relação ao parâmetro z (STRUIK, 1961).

$$K(z) = P''(z)/[1 + P'(z)^2]^{3/2} \tag{8.1}$$

No caso bidimensional, como é esse, a curvatura pode assumir valores positivos ou negativos dependendo do sinal de $P''(z)$, o que pode ser interpretado em termos da convexidade/concavidade da curva no local descrito. Assim, uma função $K(z, t)$ é obtida para cada plano de projeção e a cada instante registrado do ciclo padrão.

Obtenção da curva neutra e do componente oscilatório

A simetria bilateral das oscilações e a periodicidade do movimento são características básicas do andar humano normal (GOBLE; MARINO; POTVIN, 2003). Consideramos que a movimentação da coluna vertebral também tende a seguir essas características, pelo menos, até certo ponto. Na presença de um leve desvio lateral, acreditamos na tendência do corpo em manter a simetria do movimento, neste caso em torno da curva da coluna atual. Presumimos também, que a periodicidade do movimento e a simetria dos passos na passada não serão afetados por desvios leves da coluna.

Sob essas hipóteses, durante o andar e o correr, queremos testar se a cinemática de uma coluna vertebral normal pode ser considerada como sobreposição de dois componentes: 1) Uma curva fixa, neutra em relação ao movimento, e característica da postura da pessoa estudada; 2) Um movimento oscilatório, periódico e simétrico em relação aos dois passos da passada. A análise cinemática realizada fornece-nos a projeção da coluna no plano frontal $P(z, t)$ parametrizada pela coordenada vertical "z", para cada instante registrado "t" do ciclo padrão. Consideramos que, durante a atividade física, $P(z, t)$ é a soma de dois componentes: um, $PN(z)$, independente do tempo, chamado de "curva neutra" e o outro, $POSC(z, t)$, variável – periódico de período T – e simétrico em relação aos passos da passada. Isso pode ser equacionado por:

$$P(z, t) = POSC(z, t) + PN(z) \tag{8.2}$$

O critério para a simetria bilateral de $POSC(z, t)$ pode ser escrito como:

$$POSC(z, t) = -POSC(z, t + T/2) \tag{8.3}$$

O próximo problema a resolver é o de encontrar $PN(z)$ que satisfaça a condição de deixar a função $POSC(z, t)$ simétrica e com a periodicidade do movimento real. Escolhemos, como candidata à curva neutra, uma das curvas obtidas, a partir das médias das projeções da coluna no plano frontal entre os momentos do passo da direita e dos correspondentes do passo da esquerda. Assim, $PN(z)$ será uma das curvas do seguinte conjunto $[½P(z, t^*) + ½P(z, t^*+½T)]$, no qual T é o período do movimento e t^* pode assumir todos os valores de zero até $½T$. Escolhe-se, então, dentre as curvas medidas, aquela que minimiza a assimetria de $POSC(z, t)$.

A função $POSC(z, t)$ pode ser calculada a partir das curvas obtidas experimentalmente e da candidata à curva neutra reescrevendo (8.2).

A quantificação da assimetria de $POSC(z, t)$ ao longo da coluna é obtida a partir de (8.3) e deveria fornecer um valor igual a zero. Assim, para o caso real, calculamos os resíduos, como medida da assimetria, usando (8.2) e (8.3):

$$\text{resíduos} = POSC(z, t) + POSC(z, t + T/2) = P(z, t) - PN(z) + \\ + P(z, t + ½T) - PN(z).$$

O mínimo dos resíduos é calculado com o mínimo da somatória dos quadrados dos resíduos:

$$\text{mínimo de } \Sigma(t)\ \Sigma(z)\ (\text{resíduos})^2 = \Sigma(t)\ \Sigma(z)$$
$$(P(z, t) - PN(z) + P(z, t + ½T) - PN(z))^2.$$

Este procedimento identifica os momentos de cada passo cujas curvas vão gerar a curva neutra ótima $PN(z)$. O componente oscilatório $POSC(z, t)$ é, então, obtido por meio de (8.2).

Uma vez definido os dois componentes no espaço do plano de projeção frontal é fácil calculá-los utilizando a variável da curvatura geométrica bidimensional (8.1).

Para completar o trabalho, as hipóteses básicas desta metodologia podem ser testadas para a consistência. Em especial as curvas neutras deveriam ser iguais para um sujeito peculiar e não deveriam mostrar correlação com a intensidade da atividade física.

5 Resultados

A precisão da localização 3D dos marcadores foi avaliada em ± 0,5 mm para as três coordenadas. Os resíduos dos ajustes polinomiais apresentam distribuição normal com desvio padrão na ordem de 0,8 mm (atleta) e 1,1 mm (estudante).

A Figura 2 ilustra os procedimentos iniciais do método aplicado à marcha do estudante em baixa velocidade (1,0 m/s) e relativo ao plano de projeção frontal. Em cada instante "t" do ciclo padrão, uma função polinomial $P(z, t)$ parametrizada por z é ajustada. Para facilitar a leitura dos gráficos, o parâmetro z está representado no eixo vertical e, no eixo horizontal, $P(z, t)$, que tem direção latero-lateral no espaço real. A origem do sistema de coordenadas é transladada, em todos os instantes, para o marcador de $T12$. O conjunto dessas curvas, relativo ao ciclo padrão, é mostrado na Figura 2A. A curva chamada de neutra é a média de duas dessas curvas representando situações simétricas durante a passada. Em todos os oito casos analisados neste trabalho (marcha e corrida) o processo de otimização apontou para instantes de apoio simples (direito e esquerdo) para a determinação da curva neutra. As duas curvas selecionadas no exemplo aqui citado estão representadas na Figura 2B (traço cheio), junto com a neutra que resultou (tracejada).

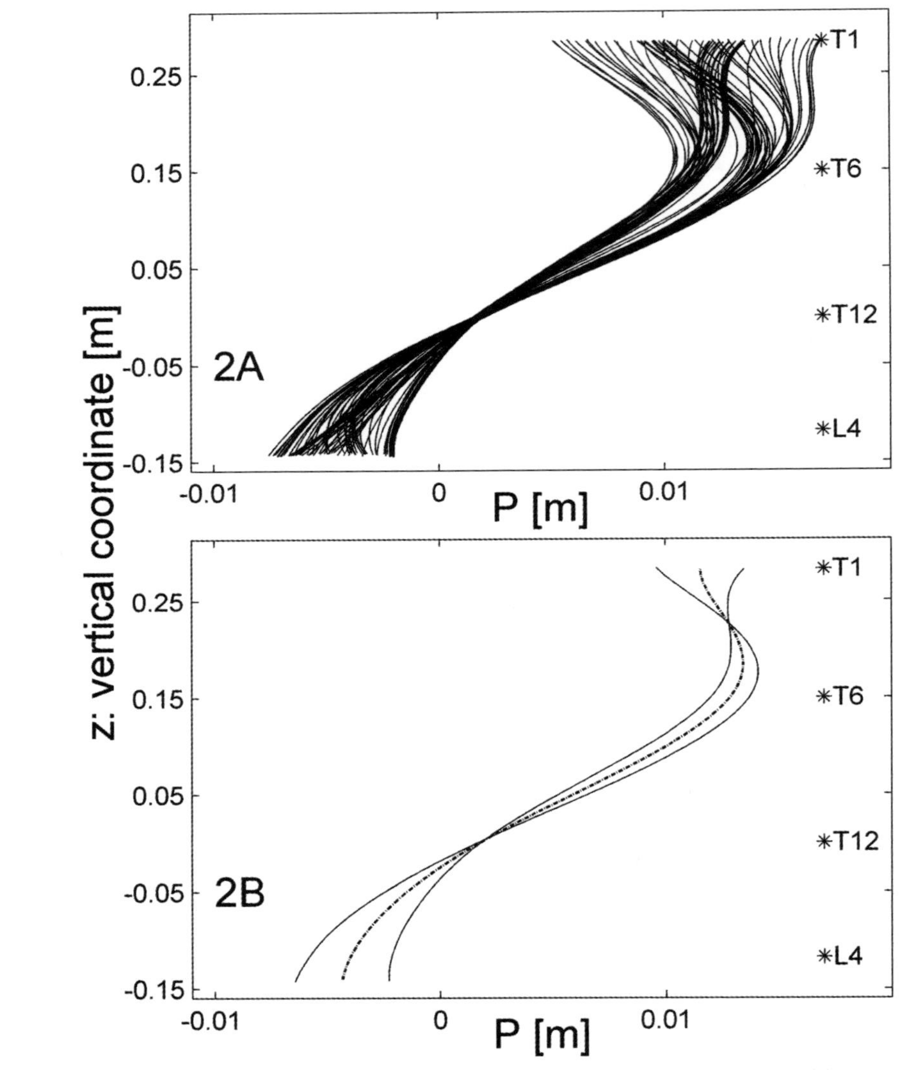

Figura 2. Projeções, P, das curvas da coluna vertebral. Estudante, na velocidade 1,0 m/s. (A) Conjunto de todas as curvas do ciclo padrão da passada. (B) Curvas selecionadas para compor a curva neutra (traço cheio) e curva neutra resultante (tracejada). O símbolo * refere-se à localização, em z, das vértebras identificadas.

O componente oscilatório do movimento $POSC(z, t)$ resulta da subtração da curva neutra de cada uma das curvas originais obtidas durante o ciclo padrão. Essas curvas, relativas à marcha em 1,0 m/s, estão desenhadas na Figura 3A. Para cada uma dessas curvas a curvatura geométrica bidimensional $KOSC(z, t)$ é desenhada na Figura 3B.

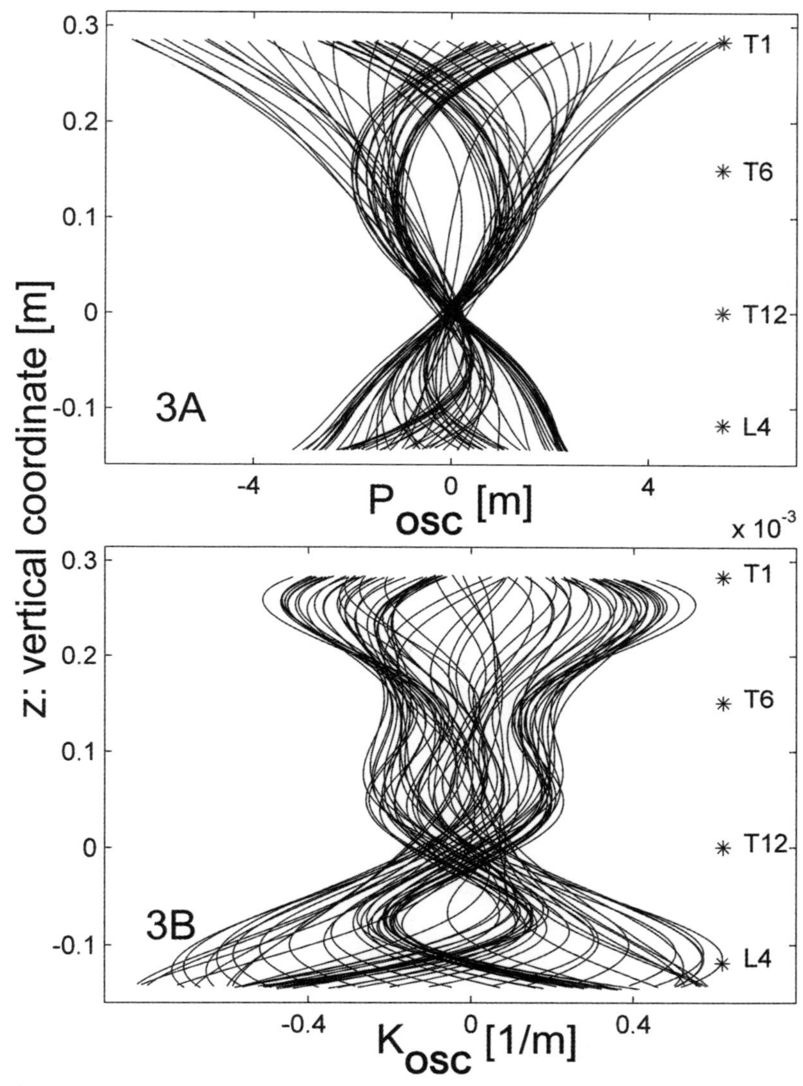

Figura 3. Conjunto de curvas do componente oscilatório para o estudante, na velocidade 1,0 m/s. (A) Projeção, P_{OSC} e (B) Curvatura geométrica 2D, K_{OSC}. Observe que uma curvatura geométrica positiva ($k > 0$) significa uma curva com a concavidade orientada para o lado esquerdo do sujeito ($y > 0$).

A situação da corrida do atleta está exemplificada nas Figuras 4 e 5 com os resultados relativos à velocidade de 2,0 m/s. Na figura 4A, representamos a curvatura geométrica bidimensional K(z,t) da coluna em função do parâmetro z, relativa a todos os instantes "t" do ciclo padrão. Na Figura 4B, desenhamos as duas curvaturas, selecionadas pelo método de otimização (traço cheio), junto com a curvatura geométrica da curva neutra $KN(z, t)$ gerada pelo processo (tracejado).

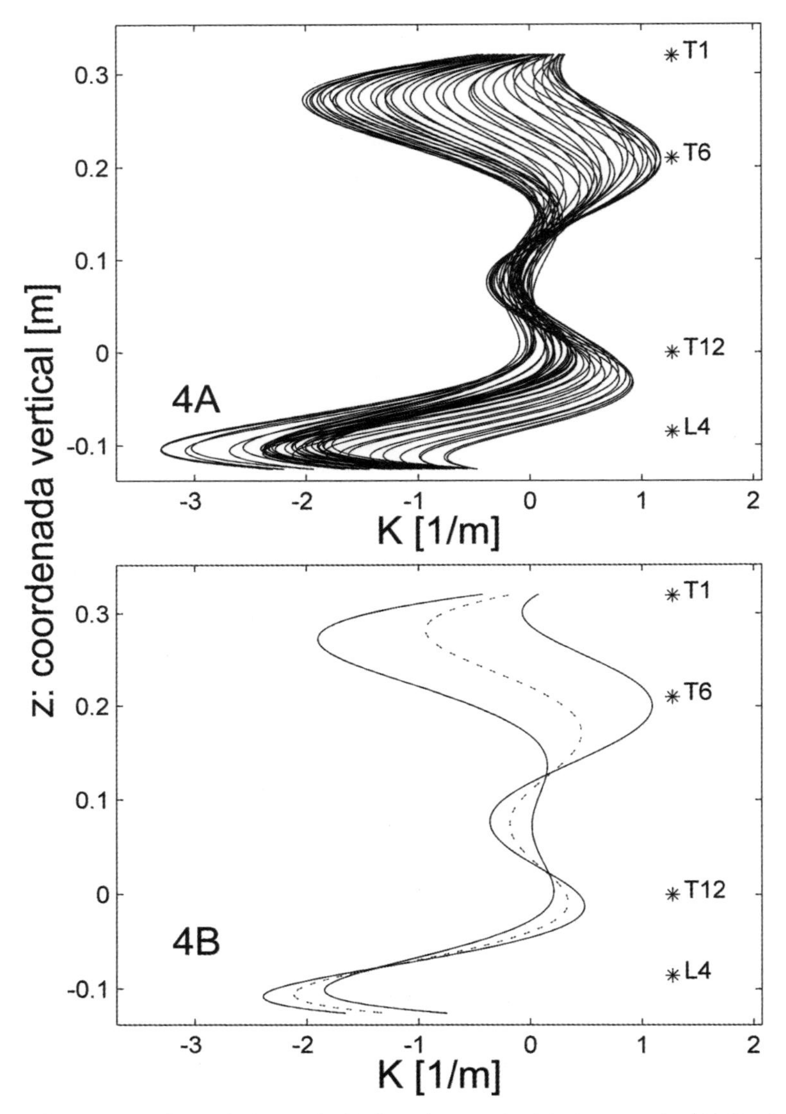

Figura 4. Curvaturas Geométricas 2D, K, do atleta, velocidade 2,0 m/s. (A) Conjunto de todas as curvas do ciclo padrão da passada. (B) Curvatura das curvas selecionadas para compor a curva neutra (traço cheio) e curva neutra resultante, K_N (tracejada).

O componente oscilatório do atleta durante a corrida (2,0 m/s) é desenhada utilizando as duas representações como a projeção $POSC(z, t)$ na Figura 5A e como a curvatura geométrica bidimensional $KOSC(z, t)$ na Figura 5B.

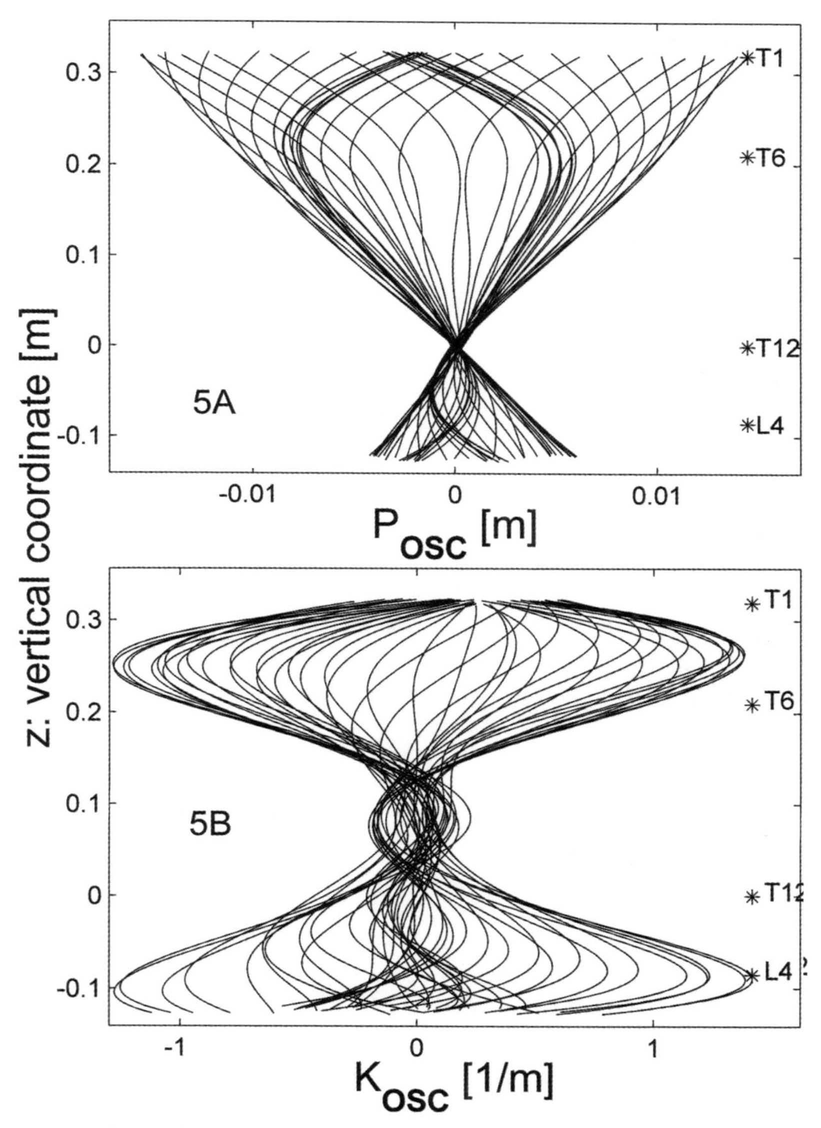

Figura 5. Conjunto de curvas do componente oscilatório para o atleta, na velocidade 1,0 m/s. (A) Projeção, P_{OSC} e (B) Curvatura geométrica 2D, K_{OSC}.

Para testar a hipótese da independência das curvas neutras em relação à velocidade da marcha ou da corrida, é interessante comparar, entre si, as curvas neutras obtidas nas diferentes velocidades. A Figura 6A mostra, as curvaturas geométricas bidimensionais das curvas neutras (traço cheio) do estudante nas quatro velocidades do experimento. A Figura 6B representa a mesma comparação, para as quatro velocidades do atleta. Essas duas figuras mostram ainda, a curvatura geométrica da curva da coluna obtida a partir da análise da postura ereta, estática de cada sujeito (tracejado).

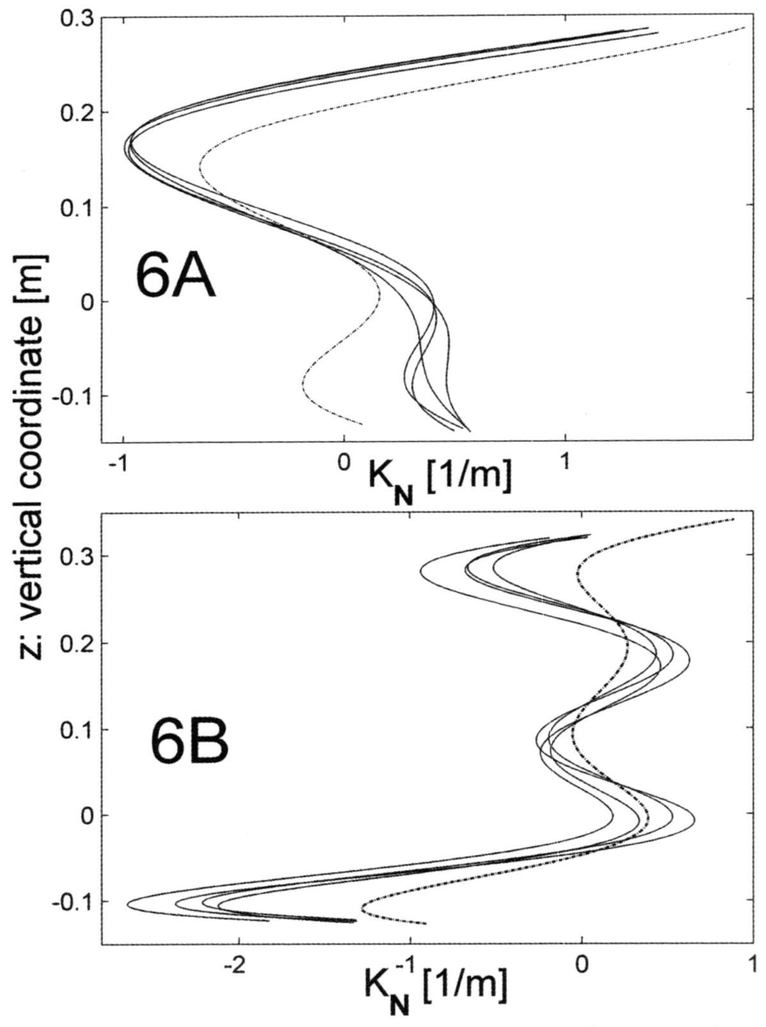

Figura 6. Curvaturas Geométricas 2D, das curvas neutras, K_N (traço cheio) e da curva obtida na postura estática (tracejada). (A) estudante, velocidades 0,8, 1,0, 1,2, 1,5 m/s e postura estática. (B) atleta, velocidades 2,0, 2,4, 3,2, 4,0 m/s e postura estática.

6 Discussão

O modelo, no qual a metodologia está baseada, prevê que a curva neutra proporcione informações sobre a forma da coluna vertebral do sujeito estudado e não seja afetada pela velocidade da marcha ou da corrida. Essas previsões estão, em boa parte, confirmadas nos gráficos da Figura 6. A Figura 6A refere-se às curvas neutras do estudante, nas quatro velocidades da marcha, quantificadas pelas curvaturas geométricas 2D (tracejada). Verificando o grau de semelhança dessas curvas percebe-se que a distância média entre elas está na ordem de 6% da variação máxima da curvatura. Da mesma forma, na Figura 6B aparecem as curvaturas geométricas da coluna do atleta, nas quatro velocidades de corrida, nesse caso, com distância média inferior a 10% da variação registrada. Não encontramos correlações entre esses desvios e as velocidades da esteira.

As curvaturas geométricas das colunas dos voluntários em posição ereta, estática, aparecem também na Figura 6 (linhas tracejadas). Observamos que, para os dois sujeitos, as curvas neutras são distintas das estáticas. Mesmo assim, nota-se certa semelhança entre elas.

Para o componente oscilatório do movimento, as Figuras 3 e 5 mostram simetrias bilaterais interessantes, confirmando a previsão do modelo. Alguns sinais de assimetria que estão presentes nesses gráficos podem ser compensações do comportamento assimétrico em outros níveis, como a dominância do membro inferior. Esse tipo de gráfico permite o estudo de características dinâmicas da marcha ou da corrida em função da velocidade.

A metodologia fornece abundante informação qualitativa e quantitativa sobre a cinemática da coluna vertebral no plano frontal. Para lidar com o plano sagital algumas adaptações precisam ser feitas à metodologia, principalmente para contemplar a diferença na frequência fundamental do componente oscilatório que é o dobro do plano frontal.

Outras atividades físicas podem ser analisadas por essa metodologia. As principais condições estão relacionadas à periodicidade e à frequência fundamental dos movimentos.

7 Conclusão

Esta metodologia proposta permite a análise da cinemática da coluna vertebral durante a marcha e a corrida. Dois componentes da movimentação da coluna vertebral são discriminados e quantificados, um é a curva neutra, que é permanente, peculiar ao sujeito, e que não é afetada pela velocidade, e a outra é oscilatória e mostra o efeito das adaptações da coluna vertebral à prática da atividade física.

8 Agradecimentos

Este estudo foi parcialmente financiado pela FAPESP, CNPq e PICD/CAPES.

Referências bibliográficas

BARROS, R. M. L. et al. Desenvolvimento e avaliação de um sistema para análise cinemática tridimensional de movimentos humanos. *Brazilian Journal of biomedical Engineering*, v. 15, n. 1/2, p. 79-86, 1999.

BARROS, R. M. L. et al. A method to synchronise video cameras using the audio band. *Journal of Biomechanics*, v. 39, n. 4, p. 776-780, 2006.

BEVINGTON, P. R. *Data reduction and error analysis for the physical sciences*. New York: McGraw-Hill, 1969.

BRENZIKOFER, R. et al. Spinal kinematics in normal walking using geometric curvature. In: MÜLLER, R.; GERBER, H.; STACOFF, A. E. T. H. (eds.) ZÜRICH INTERNATIONAL SOCIETY OF BIOMECHANICS XVIIITH CONGRESS. Book of abstracts. p. 16-17, 2001.

BRENZIKOFER, R. et al. Alterações no dorso e coluna vertebral durante a marcha. *Brazilian Journal of Biomechanics*, v. 1, n. 1, p. 21-26, 2000.

CROSBIE, J.; VACHALATHITI, R.; SMITH, R. Patterns of spinal motion during walking. *Gait and Posture*, v. 5, p. 6-12, 1997, a.

CROSBIE, J.; VACHALATHITI, R. Synchrony of pelvic and hip joint motion during walking. *Gait and Posture*, v. 6, p. 237-248, 1997, b.

FIGUEROA, P. J.; LEITE, N. J.; BARROS, R. M. L. A flexible software for tracking of markers used in human motion analysis. *Computer Methods and programs in Biomedicine*, v. 72, p. 155-165, 2003.

FISHER, R. A. *Statistical Methods for research workers*. 14. ed. Oliver & Boyd. Edinburg: Tweeddalel court, 1970.

GOBLE, D. J.; MARINO, G. W.; POTVIN, J. R. The influence of horizontal velocity on interlimb symmetry in normal walking. Human Movement Science, v. 22, n. 3, p. 271-283, 2003.

STRUIK, D. J. *Lectures on differential geometry*. Massachusetts: Addison-Wesley Publishing Company, 1961, v.2.

SYCZEWSKA, M.; ÖBERG, T.; KARLSSON, D. Segmental movements of the spine during treadmill walking with normal speed. *Clinical Biomechanics*, v. 14, p. 384-388, 1999.

WHITTLE, M. W.; LEVINE, D. Measurement of lumbar lordosis as a component of clinical gait analysis. *Gait and Posture*, v. 5, p. 101-107, 1997.